豫南山区林业有害生物及防治

段　霞　高广梅　主编

黄河水利出版社

图书在版编目(CIP)数据

豫南山区林业有害生物及防治/段霞,高广梅主编.
郑州:黄河水利出版社,2007.9
ISBN 978－7－80734－261－8

Ⅰ.豫⋯ Ⅱ.①段⋯②高⋯ Ⅲ.森林植物－病虫
害防治方法－桐柏县 Ⅳ.S763

中国版本图书馆 CIP 数据核字(2007)第 137510 号

组稿编辑:雷元静 电话:0371－66024764

出 版 社:黄河水利出版社
地址:河南省郑州市金水路 11 号 邮政编码:450003
发行单位:黄河水利出版社
发行部电话:0371－66026940 传真:0371－66022620
E-mail:hhclcbs@126.com
承印单位:黄河水利委员会印刷厂
开本:890 mm×1 240 mm 1/32
印张:6.5
字数:194 千字 印数:1—1 500
版次:2007 年 9 月第 1 版 印次:2007 年 9 月第 1 次印刷
书号:ISBN 978－7－80734－261－8/S·95 定价:15.00 元

《豫南山区林业有害生物及防治》
编委会人员名单

主　　任	魏诸清
副主任	段　炼　周祖伦　孙永凡　李　审
主　　编	段　霞　高广梅
副主编	王家田　刘　辉　曾丽莉　贺　帆　白家银 孟　进

编写人员　（按姓氏笔画排序）

王安平	王玉林	王家田	白家银	白万山
石怀礼	左振琴	曲　静	刘　辉	刘　璞
刘　帆	孙国山	陈秀坤	邵可贵	张　祎
张守红	张　冰	张　娜	孟　进	郑少康
贺　帆	郝群章	段　霞	高广梅	高地玲
黄险峰	黄艳峰	龚爱玲	曾丽莉	韩　涛

前　言

　　豫南山区桐柏县位于豫鄂之交,桐柏山腹,是千里淮河的发源地。地处东经 113°00′～113°49′、北纬 32°17′～32°43′。海拔高程大部分在100～300 m,最高的达 1 140 m,处于北亚热带的北部边缘,属季风型大陆性气候,年平均气温 15 ℃,年均降水量 1 057 mm,年均日照时数 2 027 小时,无霜期221天。土壤多为黄棕壤,pH 值在 6.1～6.5 之间。全县总面积 1 941 km²,林业用地面积 10.96 万 hm²,有林地面积 9.08 万 hm²,其中防护林 1.47 万 hm²,用材林 4.47 万 hm²,经济林 2.67 万 hm²,薪炭林 0.47 万 hm²。马尾松、火炬松、板栗、木瓜、桐柏大枣等树种分布面积居全省前列,森林覆盖率达 46.7%。

　　桐柏地处南北气候过渡带,境内四季分明,温暖湿润,雨水适中,土壤肥沃,光热资源丰富,十分适合各种林木的生长。因而,兼容并蓄南北方植物 178 科、756 属、1 789 种,物种资源丰富。桐柏是一个典型的林业山区县,被河南省政府确定为全省林业重点县。近年来,随着林业结构的不断调整,林木树种逐渐增多,林区经济活动的日益繁荣,加之人工林多、纯林面积大,气候的适宜和人为的传播,给林业有害生物的繁衍创造了有利的空间,也使林业有害生物的种类越来越多,有的林业有害生物种类已给林业生产造成严重的危害,如马尾松毛虫、板栗红蜘蛛、板栗疫病、杨树食叶害虫等,有的一夜之间使得郁郁葱葱的林子变成夏树冬景,损失惨重。多年来,桐柏县森防工作者始终战斗在林业生产第一线,同各种林业有害生物进行了不懈的斗争,多次开展了有害生物的调查及防治,特别是在 20 世纪 80 年代病虫害普查的基础上,2003～2005年又一次开展林业有害生物的普查,进一步摸清了豫南山区桐柏县林业有害生物的种类、发生状况及防治措施等。根据多年来的防治经验,为了给今后的防灾控灾工作提供可靠依据,特把豫南山区林业有害生物状况及防治措施汇集成册,供专业技术人员参考。

　　由于成书时间仓促,错漏之处在所难免,敬请各位读者批评指正。

编　者

2007 年 6 月

目　录

第一章　种子和苗期病虫害 ……………………………… (1)

　第一节　病害 ……………………………………………… (1)

　　种实霉烂病 ………………………………………………… (1)

　　幼苗立枯病 ………………………………………………… (2)

　　苗木茎腐病 ………………………………………………… (4)

　　松苗叶枯病 ………………………………………………… (5)

　　杨叶锈病 …………………………………………………… (6)

　　杨苗黑斑病 ………………………………………………… (7)

　　菌核性根腐病 ……………………………………………… (7)

　　苗木根癌病 ………………………………………………… (8)

　　根瘤线虫病 ………………………………………………… (9)

　　紫纹羽病 …………………………………………………… (10)

　　林木根朽病 ………………………………………………… (12)

　　冠瘿病 ……………………………………………………… (13)

　　雪松根疫病 ………………………………………………… (14)

　第二节　虫害 …………………………………………… (15)

　　铜绿丽金龟 ………………………………………………… (15)

　　大黑鳃金龟 ………………………………………………… (17)

　　小地老虎 …………………………………………………… (19)

　　大地老虎 …………………………………………………… (20)

　　东方蝼蛄 …………………………………………………… (21)

　　华北蝼蛄 …………………………………………………… (23)

第二章　枝干病虫害 ……………………………………… (25)

　第一节　病害 …………………………………………… (25)

　　杨树烂皮病 ………………………………………………… (25)

杨树溃疡病 …………………………………… (26)

泡桐丛枝病 …………………………………… (27)

竹丛枝病 ……………………………………… (28)

竹杆锈病 ……………………………………… (29)

板栗疫病 ……………………………………… (30)

枣疯病 ………………………………………… (32)

松枯梢病 ……………………………………… (34)

雪松枯梢病 …………………………………… (35)

第二节　虫害 ………………………………… (36)

松纵坑切梢小蠹 ……………………………… (36)

松横坑切梢小蠹 ……………………………… (37)

松十二齿小蠹 ………………………………… (38)

星天牛 ………………………………………… (39)

光肩星天牛 …………………………………… (40)

桑天牛 ………………………………………… (42)

青杨枝天牛 …………………………………… (43)

楸螟 …………………………………………… (44)

松梢螟 ………………………………………… (46)

微红梢斑螟 …………………………………… (47)

锈色粒肩天牛 ………………………………… (48)

家茸天牛 ……………………………………… (50)

旋木柄天牛 …………………………………… (51)

云斑天牛 ……………………………………… (52)

松墨天牛 ……………………………………… (53)

桃红颈天牛 …………………………………… (55)

橙斑白条天牛 ………………………………… (56)

葡萄透翅蛾 …………………………………… (57)

白杨透翅蛾 …………………………………… (59)

榆木蠹蛾 ……………………………………… (61)

双棘长蠹 ……………………………………… (62)

柳瘿蚊 ………………………………………………（64）

竹笋夜蛾 …………………………………………（65）

竹笋泉蝇 …………………………………………（66）

第三章　叶部病虫害 …………………………………（69）

第一节　病害 ……………………………………（69）

枣锈病 ……………………………………………（69）

桃缩叶病 …………………………………………（70）

梨黑星病 …………………………………………（71）

白粉病 ……………………………………………（72）

核桃黑斑病 ………………………………………（73）

桃褐锈病 …………………………………………（74）

桃树叶斑病 ………………………………………（74）

桃褐斑穿孔病 ……………………………………（75）

桃霉斑穿孔病 ……………………………………（75）

桃细菌性穿孔病 …………………………………（76）

梨锈病 ……………………………………………（78）

柿疯病 ……………………………………………（80）

柿角斑病 …………………………………………（80）

柿炭疽病 …………………………………………（81）

柿圆斑病 …………………………………………（82）

柿黑星病 …………………………………………（84）

石榴黑斑病 ………………………………………（84）

松针褐斑病 ………………………………………（85）

松落针病 …………………………………………（86）

松针锈病 …………………………………………（87）

泡桐炭疽病 ………………………………………（88）

板栗白粉病 ………………………………………（88）

第二节　虫害 ……………………………………（90）

食芽象甲 …………………………………………（90）

柿绒蚧 ……………………………………………（91）

舞毒蛾 …………………………………………………… (92)

国槐尺蠖 ………………………………………………… (93)

针叶小爪螨 ……………………………………………… (96)

葡萄天蛾 ………………………………………………… (97)

霜天蛾 …………………………………………………… (99)

榆绿天蛾 ………………………………………………… (100)

栗大蚜 …………………………………………………… (101)

松大蚜 …………………………………………………… (102)

斑衣蜡蝉 ………………………………………………… (104)

马尾松毛虫 ……………………………………………… (105)

中华松针蚧 ……………………………………………… (107)

黑翅土白蚁 ……………………………………………… (109)

黄翅大白蚁 ……………………………………………… (111)

杨扇舟蛾 ………………………………………………… (113)

杨小舟蛾 ………………………………………………… (115)

杨黄卷叶螟 ……………………………………………… (116)

大袋蛾 …………………………………………………… (117)

臭椿皮蛾 ………………………………………………… (119)

樗蚕蛾 …………………………………………………… (120)

梧桐木虱 ………………………………………………… (122)

栎粉舟蛾 ………………………………………………… (123)

栓皮栎波尺蠖 …………………………………………… (125)

栓皮栎薄尺蠖 …………………………………………… (126)

栓皮栎尺蠖 ……………………………………………… (127)

栎褐舟蛾 ………………………………………………… (128)

栎黄掌舟蛾 ……………………………………………… (129)

栎黄枯叶蛾 ……………………………………………… (130)

栗瘿蜂 …………………………………………………… (132)

淡娇异蝽 ………………………………………………… (134)

枣尺蠖 …………………………………………………… (135)

枣飞象……………………………………………（137）

枣瘿蚊……………………………………………（138）

枣龟蜡蚧…………………………………………（139）

枣粘虫……………………………………………（141）

黄刺蛾……………………………………………（142）

褐边绿刺蛾………………………………………（143）

核桃缀叶螟………………………………………（145）

竹螟………………………………………………（146）

第四章　果实病虫害……………………………（148）

　第一节　病害……………………………………（148）

枣缩果病…………………………………………（148）

枣炭疽病…………………………………………（149）

枣裂果病…………………………………………（150）

梨轮纹病…………………………………………（151）

　第二节　虫害……………………………………（153）

桃小食心虫………………………………………（153）

梨小食心虫………………………………………（155）

梨大食心虫………………………………………（157）

苹小食心虫………………………………………（159）

栗实象……………………………………………（160）

剪枝栗实象………………………………………（162）

桃蛀螟……………………………………………（164）

核桃举肢蛾………………………………………（165）

柿蒂虫……………………………………………（167）

附录一　国家级森林病虫害中心测报点松毛虫监测、

　　　　预测预报办法（试行）…………………（169）

附录二　杨树舟蛾监测、预报办法………………（182）

参考文献……………………………………………（193）

第一章 种子和苗期病虫害

第一节 病 害

种子和苗期的健康状况直接影响造林的质量与效益,而对种苗病害的防治具有面积小、易于管理的特点。

种子病害主要有种子霉烂病,大多由真菌引起,多发生在种子收获前、播种后。还有种子传带病菌物,侵染苗木和幼林。此外还有一些生理病害。

防治种子和苗期病害的根本措施是严格执行检疫措施,加强育苗技术。选择适宜的苗圃地,适时催芽、播种,合理施肥、除草、灌溉和轮作,搞好圃地卫生。必要时可使用化学药剂进行预防,但应适时适量,避免引起药害。

种实霉烂病

种实霉烂病在各地普遍发生。

1. 症状

在种皮上有颜色各异的霉状物或丝状物,剖开种子可见胚腐烂、胚乳糊化。

2. 病菌与发生规律

它是由真菌中的青霉菌 *Penicillium* spp.、曲霉菌 *Aspergillus* spp.、交链孢菌 *Alternaria* spp.、匍枝根菌 *Rhizopus stolonifer* (Ehrenb ex Fr.)Vuill、镰刀菌 *Fusarium* spp. 等引起的;少数出现黄色或白色油状物,是由黄单孢杆菌(*Xauthomonas* spp.)、假单杆菌(*Fusarium* spp.)引起的。

因上述各菌普遍分布在空气、土壤、水、仓库中及种子的表面,种实与病菌接触的机会很多,种实的伤口有利于病菌的侵染,若库房内高湿高温,种子含水量过高,更利于病害的发生。

3.防治措施

(1)及时采收种子,避免伤口,种实含水量应控制在 10%～15% 之间。

(2)仓库库房内要消毒,库温度保持在 0～4 ℃ 最为合适,并常通风。利用氮气贮藏种实,经济方便且效果好。沙埋种子催芽时,种子表面用 0.5% 高锰酸钾溶液浸种 10～15 分钟,用清水洗净后再混沙,后用 40% 甲醛 1∶10 溶液喷洒消毒 30 分钟,摊开散尽药味后,再与种子混合。

幼苗立枯病

幼苗立枯病在各苗圃普遍发生,针叶树苗最易感病,其中以松、杉受害最重,阔叶树中较易感病的有刺槐、梧桐、臭椿、枫杨、枫香、银杏等。

1.症状

幼苗立枯病因发病的时期不同一般可分为 4 种类型。

(1)芽腐型:幼苗未出土时种子和幼芽受害,腐烂死亡。

(2)猝倒型:幼苗出土两个月内,茎部未木质化以前,苗茎部近地面处变色水渍状腐烂缢缩,幼苗萎蔫倒伏而死,所以称为猝倒病。这段时期是发病的危险期,必须抓紧防治。

(3)顶腐型:幼苗出土后,遇阴雨天气,其嫩叶和茎部感病腐烂,常生出白色丝状物,往往先从幼苗顶端开始发病,然后蔓延全株,茎叶萎蔫腐烂。

(4)立枯型:幼苗出土以后,茎基已木质化,幼根受侵腐烂,苗木直立枯死,所以称立枯病。

2.病菌及发生规律

立枯病的病菌主要是真菌中的丝核菌 *Rhizoctonia solani* Kuhu、镰刀菌 *Fusarium solani* Martii、腐霉菌 *Pythiummyriotylum* Drechsher。

这些病菌主要生活在土壤中的植物残体上,具有很强的腐生能力,它们分别以菌核、厚膜孢子度过不良环境。在表土层中病菌最多,土壤带菌是病菌的主要来源,种子极少带菌。病菌丝在土中蔓延,随水、肥料、覆盖物等传播。丝核菌多危害近表土的根部,只有在大气湿度饱和的情况下,才扩展出土面。腐霉菌危害全部根系,呈褐色水渍状。镰刀菌两种现象都有,茎部变褐,略为缢缩的现象较为常见。病菌对酸碱度的适应范围较广,腐霉菌与丝核菌的适应范围是 pH 值 5.2~8.5,镰刀菌一般喜欢中性土壤(南方酸性红壤和北方碱性土壤出现率较高)。腐霉菌和丝核菌生长温度 4~28 ℃,腐霉菌多在土温 12~22 ℃时致病严重。丝核菌则在土温 20~28 ℃时危害严重。镰刀菌生长适温为 16~32 ℃,以土温 20~30 ℃致病最多,低温多湿时腐霉菌丝核菌多;高温多湿时镰刀菌多。老苗圃、低洼地、土壤黏重,前作为棉花、马铃薯、花生、蔬菜等,施用未腐熟有机肥,施氮肥过多,雨天整地播种或播种期过迟,均容易发生立枯病。

3.防治措施

根据立枯病的发生规律,以提高育苗技术,使幼苗生长苗壮,增强其抗病能力为基础,结合化学防治及其他有效措施,把好"三关"就能防止病害的发生和蔓延。

(1)把好土壤关。立枯病菌来源于土壤,所以必须注意选择圃地,实行轮作;采取土壤消毒、垫土等来避开、抑制或直接杀死病害的发生和蔓延。

圃地选择:推广山地和荒地育苗。由于新垦地育苗,土壤中病菌少。排水良好,苗木发病少。选择地势平坦、排水良好、疏松肥沃的土地育苗,不用黏重土壤和前作为棉花、马铃薯等的土地作苗圃。

土壤消毒:化学药剂处理土壤可直接杀死土中的病菌,或抑制病菌的活动。撒施 1%~3%硫酸亚铁,而后耕翻土地;每平方米用 40%福尔马林 50 ml 加水 6~12 kg,在播种前 10 天浇在土壤上,并用草席或草袋覆盖,播前 3~4 天揭去覆盖物,然后播种。

垫生土:用黄心土、草炭土及河沙等,在播种时先在播种沟上撒一层(1~2 cm),播种后再覆盖种子,能起到隔离病菌的作用。

(2)精选良种。育苗所用的种子一定要精选优良的种子,并浸种催芽,药剂拌种,适时播种或提早播种。

(3)加强圃地管理。播种后要及时盖、撒草和排灌水,注意中耕除草。

(4)药剂防治。用 0.5%～1%波尔多液喷幼苗 2～3 次。

发病期可用 1%～3%硫酸亚铁液,以淋湿苗床土壤表层为宜。但硫酸亚铁对苗木有药害,施用后应喷清水洗苗。每隔 10 天左右施一次,共施 2～3 次。

苗木茎腐病

苗木茎腐病是苗木上的主要病害,在各地苗圃普遍发生,危害马尾松、银杏、杜仲、水杉、香椿、板栗、枫香、刺槐、油桐等 120 多种树种。

1.症状

发病初期茎部出现黑褐色病斑,病斑逐渐扩大,呈环状收缩包围全茎。由于养分输送受阻,顶叶发黄,顶芽枯死,叶片枯死下垂,常不脱落。枯死的苗木茎基部皮层肥肿皱缩,易与木质部剥离,在皮层与木质部之间产生许多黑色小菌核。病菌也可侵入木质部,髓部变褐色或中空,其中也有病菌产生。后病害扩展至根部,使根部皮层腐烂。

2.病菌及发生规律

病菌是菜豆壳球孢菌 *Macrophomina phaseoli* (Maubl.) Ashby,属半知菌尖球壳孢目球壳孢科。病菌以菌核和菌丝在病苗残体上及土壤中越冬,次年进行侵染。此菌喜高温,其生长适温为 30～32 ℃,对酸碱度适应范围大,在 pH 值 4～9 之间生长良好。

苗木茎腐病病菌是一种弱寄生菌,平时在土中营腐生生活,在适宜条件下自伤口侵入危害,因此病害的发生与寄主的状态和环境条件有密切关系。苗木受害主要是由于夏季炎热,土温增高,茎基受高温灼伤,造成病菌侵入的机会,使苗木发生茎腐。发病的时间一般在梅雨季节结束后 10 天左右,以后随着温度的升高逐渐严重,到 9 月份才停止。苗木茎基部受夏季高温灼伤时发病就重。苗木根部淹水、生长不良也能诱发此病。

3.防治措施

(1)适当增施有机肥、草木灰、饼肥促进苗木的生长,提高抗病力;搭荫棚、行间盖草或喷灌降低土温,减少苗茎基受灼伤的机会。

(2)在时晴时雨高温的夏天,病害易流行,每周应喷一次 0.5%~1%波尔多液,保护苗木不受病菌的侵害。

松苗叶枯病

松苗叶枯病主要危害马尾松、黑松等,是苗圃中的重要病害。

1.症状

先从幼苗的基部针叶上开始发病,然后逐渐向上部针叶蔓延,扩大呈一段一段的枯死病斑。病叶枯死后下垂,但不脱落,若病害延及全部针叶,病苗即枯死。病斑长 1cm 左右,初淡黄色,后变灰黑色。在潮湿的条件下,段斑上产生许多纵行的、沿气孔线排列的小黑点,即病菌的分生孢子梗和分生孢子。

2.病菌及发生规律

松苗叶枯病菌 *Cercospora pini - densiflorae* Hori et Nambu,属于半知菌类,丛梗孢目暗色菌科。分生孢子鞭状,有 2~5 个分隔。生长适温为 24~28 ℃,最适 pH 值为 4。

病菌以菌丝体在寄主体内越冬,或随枯死的针叶在土壤中越冬,次年当环境条件适宜时,即产生分生孢子,随气流传播,遇到松苗可再次侵入针叶危害。

病害一般在 7~8 月开始发生,9~10 月为发病盛期,11 月以后停止蔓延。在两年生的病苗上,5 月上旬就有分生孢子产生,但附近的一年生苗 7~8 月开始发病。可能是夏季松苗生长健壮,抗病力强,病害较少发生;至 7 月以后,气温较高,天气干旱,松苗针叶膨压降低,病苗容易侵染,病害开始发生。

3.防治措施

(1)在连年发生叶枯病严重的苗圃,应与豆类轮作,避免叶枯病流行。只能连作的苗圃,冬季进行深耕,将病苗残株全部深埋土中,促使其腐烂以减少病菌。加强苗木抚育,特别是及时间苗和灌溉,防止苗木过密及干旱,使松苗生长健壮,增强其抗病力。不用病苗造林,防止多株丛植,以避免植株相互感染。

(2)8月中下旬,每15天喷施0.5%～1%波尔多液一次。发病期喷50%退菌特800倍液,或65%代森锌300～400倍液,或25%多菌灵200倍液。

杨叶锈病

杨叶锈病又名黄粉病,各苗圃均有分布。在病害流行时,引起早期落叶病。

1.症状

被害叶片背面散生橙黄色的夏孢子堆,严重时布满叶片。秋季在叶面又生棕褐色孢子堆。在转株寄主叶面出现短段退绿斑,后在叶背生橙黄色的锈孢子器,引起叶片枯黄。

2.病菌及发生规律

病菌是松杨栅锈菌 *Melampsora laricipopulina* kleb.,属于担子菌纲、锈菌目、栅锈科。病菌以冬孢子在杨树的落叶内越冬,次年春孢子萌发产生担孢子,随风吹到落叶松上,萌发侵入,引起落叶松黄锈病。6～7月在落叶松上产生锈孢子器,成熟后放出锈孢子,被风吹到杨树叶片上,由气孔侵入,7～10天后产生孢子堆,夏孢子可反复侵染杨树,9～10月是发病高峰。生长适温为20～27℃,要求相对湿度为50%～70%。

3.防治措施

(1)选育抗病品种,利用杂交、嫁接等栽培技术培育抗病品种。杨树苗圃和采穗圃不要选在落叶林附近,应相距500 m以上。苗木不要过密,控制灌水量、氮肥量,提高苗木抗病力。

(2)发病时喷洒1:1:(125～170)波尔多液一次,以后用波美0.3～0.5度石硫合剂或65%代森锌500倍液,每隔15天喷一次。

杨苗黑斑病

杨苗黑斑病在苗圃普遍发生,危害严重时,往往造成苗木全叶变黑大量死亡。

1.症状

病斑先出现在叶背面,后正面也发生。初生针刺状陷小点,两天后变黑达 1 mm。5~6 天后,病斑中央生灰色突起小点,即分生孢子盘,后多数病斑汇合成多角斑或大圆斑,病重时全叶变黑枯死,病叶早落。小苗出土感病后全叶变黑死亡,不死的也只有 1~4 cm 高,扭曲,茎叶变黑。

2.病菌及发生规律

病菌是杨生盘二孢菌 *Marssomna populicola* Miura,属于半知菌类、黑盘孢目、黑盘孢科。病菌以菌丝体或分子在落地病叶上越冬。5~7月中旬靠雨水和浇水的反溅作用传播到新叶上,由气孔侵入。发病后再进行重复侵染,7月下旬至 8 月上旬为发病盛期,9 月末 10 月初停止发病。

高温多湿或雨季、重茬地、苗木生长不良、苗床石砾多升温快、低洼地和苗木过密、湿度大的情况下,病害发生重。

3.防治措施

(1)注意选育抗病品种。苗圃要远离杨树林,选择排水良好的土地作苗圃。加强抚育管理,精耕细作,及时间苗,使幼苗生长健壮。换茬育苗,土壤消毒。冬季清除病落叶,集中烧毁,以减少病菌。

(2)苗木出土后,2~3 片真叶时,每隔 10~15 天喷一次1:1:(125~170)倍的波尔多液,或 65%可湿性代森锌、福美砷 250 倍液,或 25%多菌灵 200 倍液。

菌核性根腐病

此病又名白绢病。大部分苗圃均有发生,危害马尾松、泡桐、梧桐、核桃、油茶、油桐等多种树苗。

1. 症状

病害常发生在苗木的根部和茎基部。感病部位皮层逐渐变褐腐烂，致使茎叶凋萎枯死。在潮湿环境下，根茎部表面长出白色绢丝状菌丝体，并生出如油菜籽大小的茶褐色菌核。有些树种叶片也能感病，在病叶片上出现轮纹状褐色病斑，病斑上长有小菌核。

2. 病菌及发生规律

病菌是齐整小核菌 *Sclerotiun rolfsii* Sace，属半知菌亚门无孢菌群小菌核属。以菌核在土壤内或病株残体上越冬，次春产生菌丝，侵害苗木，7~8月为发病盛期，9月底停止蔓延。土质黏重、排水不良、肥水不足、苗木生长纤弱的情况下发病重。

3. 防治措施

(1)选择土壤肥沃、疏松、排水良好的生荒地育苗，重病苗圃应与禾本科植物轮作。增施有机肥。

(2)感病苗圃，每年冬季行深耕，将病株残体深埋土中，清除侵染源。

(3)播种前每亩施生石灰 50 kg，1%硫酸铜 250~300 kg 消毒土壤。发病期间，在苗木周围土壤上喷洒 5%石灰水，或 1%硫酸铜 250~300 kg。也可撒五氯硝基苯药土，每亩 1~2.5 kg 五氯硝基苯加土 100~250 kg，和匀后使用。施药时药土勿接触苗木。

苗木根癌病

苗木根癌病主要危害杨、柳、板栗、核桃、杏、李等苗木。大树的根部也有被害的现象。

1. 症状

病害主要发生在根和根颈部，病部生有大小不等、数量不定、形状不同的癌瘤。初生瘤小、质地柔软、表面光滑，以后瘤逐渐变大，质地变硬，表面粗糙、龟裂，呈深褐色。幼苗得病后影响生长，树势逐渐变弱，甚至全株枯死。

2.病菌及发生规律

根癌病菌 Aghrobacterium tumefaciens (Smithet Towns) Conn. 属于细菌。病菌一般在 14~30 ℃范围内发育良好,酸碱度最适为 pH 值 7.3。病菌主要存活于癌瘤的表皮层内和随病组织残留在土壤中,可存活一年以上,但在两年内若遇不到寄主,便失去生活力。病菌主要靠流水、耕作活动、根部害虫和苗木调运而传播,由伤口侵入。在皮层组织内繁殖危害,刺激细胞分裂增生而形成癌瘤。从病菌侵入到癌瘤出现,需经几周到一年以上的时间。

3.防治措施

(1)加强苗木检疫,严禁将疫区苗木运往保护区。可疑苗木栽植前要用 1%硫酸铜液浸根,用水冲洗后再栽植。

(2)轮作倒茬,对发病的苗圃地,应换茬两年以上。

(3)挖除病株,彻底消除病残组织,集中烧毁,土壤用硫磺粉或漂白粉消毒,用药量每平方米 50~100 g。切除病瘤,伤口用石灰乳或波尔多液涂抹。不切病瘤,可用甲醇、冰醋酸、碘片(50:25:12)混合液或粗制青霉素,涂抹病瘤及其周围,有治疗作用。

根瘤线虫病

主要危害杨、槐、柳、核桃、泡桐、朴、榆、槭、樟、枣等,苗木受害严重时,严重影响苗木生长。

1.症状

根瘤线虫病只危害寄生植物的侧根或须根,形成大小不等的球形粗糙的瘤状物——虫瘿。剖开虫瘿,可见到无色透明的小粒状物,是根瘤线虫的雌虫。由于根部被破坏,影响根的吸收机能,病株地上部的生长遭到阻碍,以致植株矮小,甚至逐渐凋萎枯死。

2.病菌及发生规律

病菌为一种细小的蠕虫动物 Meloidogyne marioni Goodey。其生活史可分为卵、幼虫及成虫三阶段。卵为长圆形,很小,长存于寄主根部瘿瘤内。根部内的卵在温暖的土壤中 2~3 日即可孵化成幼虫,幼虫蚯蚓状,无色透明,雌雄不易区别。幼虫自卵中孵出后即离开寄主钻入土中,在土中能存活一年以上。虫遇适合的寄主,即从幼嫩的根部生长点侵入危害。侵入寄主后,引起细胞增生变大,形成瘿瘤。根瘤线虫在土温 25～30 ℃、土壤湿度 40% 左右时生长发育最适宜,幼虫一般在10 ℃以下即停止活动,致死温度为 55 ℃持续 5 分钟。

一年发生数代,如条件适宜,每经 25～30 天即可完成一代。以幼虫在土中或以成虫及卵在遗落土中的虫瘿内越冬。根瘤线虫随苗木、土壤和灌溉水而传播。根瘤线虫为好气性动物,凡地势高燥、结构疏松、含水量低而呈中性反应的土壤条件,则不利于根瘤线虫的栖息,发病就轻。连作年限越长,发病越重。

3.防治措施

(1)选择无病圃地育苗。病圃可采用不易感病的针叶树进行 1～2年的轮作,或深翻土壤。发现病苗及时拔出烧毁,禁止病苗运往无病区。

(2)桑苗发病用 48～52 ℃ 温水浸根 20～30 分钟,可杀死根瘤内的幼虫。其他树苗也可采用温汤浸苗根的方法,但所用温汤的温度要先做试验。

(3)苗木发病后可用 80% 二溴氯丙烷乳剂进行土壤消毒,每亩用药 1.5～2.5 kg,兑水 100～150 倍。施药前先在苗木行间或植株周围开 10～15 cm 深的沟,将药水注入沟内,再覆土耙平压实,也可在行间或植株周围钻 3～5 cm 深的洞,每洞相距 30 cm,将药液稀释 10～15倍,每洞注入 2～3 ml,然后覆土盖洞。

紫纹羽病

紫纹羽病在各苗圃均有分布,主要危害杨树、刺槐、柳、苹果等,尤以刺槐受害最重。

1.症状

初发生于细支根,逐渐扩展至主根、根颈,主要特点是病根表面缠绕紫红色网状物,甚至满布厚绒布状的紫色物,后期表面着生紫红色半球形核状物。病根皮层腐烂，木质枯朽，树皮呈鞘状套于根外，捏之易碎裂，烂根具浓烈蘑菇味，苗木、幼树、结果树均可受害。轻病树树势衰弱，叶黄早落;重病树枝条枯死甚至全株死亡。

2.病菌及发生规律

病菌为担子菌亚门的紫卷担子菌 *Helicobasidium purpureum* (Tul.)Pat.,病菌丝在根外表集结成菌丝膜及根状菌索紫色。病菌以菌丝体和菌核的形式在病根上或土壤中存活，菌核抵抗不良环境的能力强，在土壤中长期存活，以后萌发侵染寄主。菌索在土内或土表延伸，接触健康树根后即直接侵入。并通过树木根部接触相互传染。担孢子在病害传播中不起作用。低洼潮湿或排水不良的林地易发病，老果园、老苗圃发病较重。

苗木传播:紫纹羽病菌可侵染果树苗木，并通过苗木的调运而进行远距离传播。

土壤带菌:在带菌土壤中育苗或栽培果树易发生根部病害。

伤口侵入:果园管理不当造成的机械伤、害虫造成的虫伤(如木蠹蛾危害处)等可加重紫纹羽病的发病程度。

管理因素:不良的土壤管理是诱发根病的重要因素。土壤板结、积水,土壤瘠薄、肥水不当,这些均可引起根部发育不良,降低其抗病性,有利于病菌的侵染与扩展,加重根病的危害。

3.防治措施

(1)苗木检查和处理。在调运苗木时,应该严格进行检查,彻底剔除病苗并对苗进行消毒处理。最好不用有病的苗木。苗木消毒处理可用2%的石灰水,70%甲基托布津可湿性粉剂或50%多菌灵可湿性粉剂800~1 000倍液,0.5%硫酸铜,50%代森铵水剂1 000倍液等药剂浸苗10~15分钟。

(2)加强栽培管理。注意前作与间作:在育苗和建园时,应注意前作及先锋树种,尤其注意不要在生长有柳树的河滩地、其他旧林迹地、过去育过苗并发现病害的苗圃地等处育苗或建园。

土壤与病残体处理:对于可能带菌的土壤,要妥善进行处理。例如,必须在旧林地建果园时,首先要彻底清除树桩、残根、烂皮等带病残体;还要对土壤进行翻晒、晾晒、灌水或休闲、轮作;有条件者可用聚乙烯薄膜覆盖土壤过夏。

改良土壤:增施有机肥;掺沙改黏,挖沟排水,种植绿肥。

(3)治疗病树。挖开根区土壤寻找患病部位,对于主要危害细、支根的紫纹羽病要根据地上部的表现,先从重病侧挖起,再详细追寻发病部位。

清理患部并涂药消毒:找到患病部位后,要根据不同情况,进行不同处理。局部皮层腐烂者,用小刀彻底刮除病斑,刮下的病皮要集中处理,不要随便抛掷;也可用喷灯灼烧病部,彻底杀死病菌。整条根腐烂者,要从基部锯除,并向下追寻,直至将病根挖净。大部分根系都已发病者,要彻底清除病根,同时注意保护无病根,不要轻易损伤。清理患病部位后,要在伤口处涂抹杀菌剂,防止复发;对于较大的伤口,要糊泥或包塑料布加以保护;对于严重发病的树穴,要灌药杀菌或另换无病新土。所用药剂有 50% 代森铵水剂 100~150 倍液,或 40% 福美砷可湿性粉剂 500~800 倍液,2 度石硫合剂,40% 五氯硝基苯粉剂 50~100 倍毒土等。

改善栽培管理促进树势恢复:对于轻病树,只要彻底刮除患部并涂药保护,一般不需要特殊管理即可恢复。但是,对于病斑几乎围颈一周或烂根较多的重病树,则必须加以特殊管理,才能使之恢复树势和产量。对于根系大部分发病而丧失吸收能力者,一要重剪地上部;二要在茎基部嫁接新根,或者在病树周围栽植小树并嫁接到主干上,以苗木的根系代替原来的根系;三要在地下增施速效肥料,在地上部进行根外追肥;四要注意水分管理,既不要使植株缺水,又不要灌水过多。

林木根朽病

林木根朽病分布广、危害严重。病菌的寄主范围广。可引起根系和根颈的木质部腐朽,最后林木枯萎死亡。

1.症状

病树枝叶变黄、枯萎,干基处树皮腐烂开裂剥落,针叶树干基处常有大量树脂凝结成块。干基及根部皮层与木质部之间有白色扇形膜及深褐色绳索状物。病树根部的边材和心材呈海绵状腐朽,边缘有黑色线纹。秋天在病树干基部或其附近地面上,有时甚至在树干下部,出现丛生状蜜黄色的蘑菇,蘑菇伞状肉质可食,为病菌的繁殖体,内有大量白色圆形或椭圆形的孢子。

2. 病菌及发生规律

根朽病是由 *Armillariamellea* (vahl.) Quel 引起的。伞状子实体的菌盖圆形,中央突起,黄褐色上面有淡褐色毛鳞片,实心菌柄中生,黄褐色,上端有膜质菌环,根上有菌索。菌褶初白色,后浅红色,直生或略延生。担孢子单胞无色卵形。担孢子经风传播从林木残桩上侵入,幼树和大树都可能被害,病菌主要靠菌丝体和根状菌索的蔓延或病树与健树的根部接触进行传播。在病害发生时,常有一个发病中心,病树呈簇状分布。在河旁、水塘湖泊旁或地势低洼地,并有大量病树伐桩、残根的地方,树木易感病,因干旱、冻害、病虫危害、管理粗放或造林质量差、根幅过小、窝根等而导致树势衰弱时,均容易发生病害。不同树种感病情况也不同,如健杨感病重,而沙兰杨感病轻。

3. 防治措施

(1)加强抚育管理,促进树木健康生长的营林技术措施是防治此病的有效方法。

(2)采伐后彻底清除,销毁伐桩残根,或在伐桩上涂 2,4D - 丁酯、煤焦油等杀死皮层中的病菌。

(3)清除病株,挖除病根,在发病中心周围挖沟,防止病菌向外扩散。

(4)轻病株可挖病根,并用腐殖酸铵和多菌灵浇灌干基部,或用40%甲醛 1:100 倍液钻孔或开沟浇灌。

冠瘿病

冠瘿病又称根癌病、根瘤病、黑瘤病、肿瘤和肿根病。病菌为根癌土壤杆菌。寄主植物广泛。

1.症状

病菌发生在幼苗和幼树干基部及根部,初期在被害处形成灰白色瘤状物,较愈伤组织发育快,以后这种表面光滑、质地柔软的小瘤逐渐增大成不规则状,表面由灰白色变成褐色至暗褐色。在大瘤上出现的小瘤,表面粗糙并龟裂,质地坚硬,表层细胞枯死。内部木质化,并在瘤周围或表面产生一些细根,最后外皮脱落,露出许多突起状小木瘤。在根颈和主干上的病瘤环干一周时,则树木生长停滞,叶片发黄而早落,甚至枯死。

2.病菌及发生规律

冠瘿病是由 *Agrobacterium tumefaciens* (Smith & Towns.) Conn 引起的。病菌栖息于土壤及病瘤的表层,可通过带病苗木、插穗或幼树等人为传播,也可通过灌溉水、雨水、地下害虫等自然传播。病菌在病瘤中、土壤或土壤中的寄主残体内越冬。存活 1 年以上,2 年内得不到机会即失去生活力。由伤口侵入,在寄主细胞壁上有一种糖蛋白是侵染附着点,嫁接、害虫和中耕造成的伤口均可引起此病侵染。

3.防治措施

(1)加强植物检疫,严禁带病苗木、插条造林。

(2)对可疑的苗木、插条用 1%~2%硫酸铜 100 倍液浸泡 5 分钟,再放入生石灰 50 倍液中浸泡 1 分钟,用清水冲洗后再栽植;或将可疑的患部削去,在削口处用波美 5 度石硫合剂 100 倍液,外涂波尔多液保护。

(3)轮茬晾地,栽植非感病植物,可使病菌失去活性。

雪松根疫病

1.症状

主要症状为根腐、溃疡(干腐)、猝倒和立枯,造成植株直立枯死。从刚出土的幼苗到多年生的大树均可受害,染病植株轻者生长衰退,重者植株枯死。

根腐为雪松疫病的主要受害症状。多为新生根感病,病根初为浅褐色,后期为深褐色,皮层内组织水渍状坏死,病株不萌发新梢,长势衰退,针叶失绿,易脱落。

猝倒和立枯幼苗根茎病斑浅褐色,逐步向上扩展,延及针叶,叶变暗绿萎蔫,茎组织坏死软化,病苗倒伏。苗龄稍大,根茎部木质化,地上部失水干缩,植株直立枯死。扦插苗生根前多从剪口处感染,沿内皮层蔓延,疏导组织被破坏,失水枯萎。

2.病菌及发生规律

雪松根疫病由樟疫霉菌 *Phytophthora cinnamomi*、掘氏疫霉菌 *P. drechsleri*.和寄生疫霉菌 *P. parasitica* 引起。前两种致病力最强,寄生疫霉菌次之。

此病在高坡地和平地均有发生。土壤板结、透性差、雨水多、湿度大的情况下发病重。

3.防治措施

(1)适时施肥,增加土壤肥力。春秋两季在树穴内开穴施肥。施肥量可根据树体的大小酌情考虑。一般 15 年生树可以一次株施 250 g 复合肥,春秋各施一次。防治病害时一定要配合施肥,施肥时应注意春季多用含氮量较高的肥料,秋季则必须多施含磷、钾较多的肥料。

(2)对成龄大树,可用 20 g 乙磷铝加 70％敌克松 10 g 混合液松土后灌根,防治雪松疫病的效果较好。

第二节　虫害

铜绿丽金龟

学名　*Anomala corpulenta* Motschulsky

别名　铜绿金龟子

1.分布、寄主与为害

桐柏发生普遍,寄主有板栗、核桃、苹果、葡萄、桃、李、杏、梅、樱桃等多种植物,成虫常聚集在叶片上取食为害,导致叶片残缺不全,严重时仅留叶柄,以幼树受害严重。幼虫为害植物的根部。

2.形态特征

成虫　体长 18～21 mm,宽 8～10 mm。椭圆形,体背面为铜绿色,有光泽,额及前胸背板两侧边缘黄色。头与前胸背板、小盾片和鞘翅呈铜绿色并闪光,但头、前胸背板色较深。前胸背板两侧有黄边,是识别主要特征。复眼红黑色。触角淡黄褐色,共 7 节。雌虫腹部腹板呈灰白色;雄虫腹部腹板呈黄白色。

卵　初产椭圆形,乳白色。长 1.63～1.90 mm,宽 1.26～1.40 mm。卵壳表面光滑。

幼虫　体长 30～33 mm,头部褐色,体乳白色。

蛹　裸蛹,初化蛹时白色,后渐变淡褐色。

3.生物学特性

该虫每年发生 1 代,以 3 龄幼虫在土壤内越冬。翌年春土壤解冻后,越冬幼虫在土中开始向上移动,5 月中旬前后危害一段时间,取食农作物及杂草的根部,然后幼虫老熟,做土室化蛹,6 月初成虫开始出土,6～7 月上旬为成虫出土危害,7 月中旬后逐渐减少,8 月下旬终止。成虫具有较强的假死性和趋光性,多在傍晚飞出交尾产卵。成虫喜栖息在疏松潮湿的土壤里。成虫于 6 月中旬开始产卵。卵多散产于树下的土壤内,卵期 10 天左右。7 月初出现第 1 代幼虫,到 10 月份幼虫开始向土壤深处越冬。

4.防治措施

(1)药剂防治。在成虫发生期树冠喷布 50% 对硫磷乳油 1 500 倍液。在树盘内或园边杂草内施 75% 辛硫磷乳剂 1 000 倍液,施后浅锄入土,可毒杀大量潜伏在土中的成虫。

(2)人工防治。利用成虫的假死习性,早晚振落捕杀成虫。

(3)诱杀成虫。利用成虫的趋光性,当成虫大量发生时,于黄昏后在果园边缘点火诱杀。有条件的果园可利用黑光灯大量诱杀成虫。

大黑鳃金龟

学名　*Holotrichia oblita*（Faldermann）
别名　华北大黑鳃金龟,幼虫称蛴螬

1.分布、寄主与为害

桐柏分布广泛,幼虫为害苗木的根部和地下茎,成虫为害栎、榆、杨、苹果等树木的叶片,常造成整株叶片被食光,影响当年林木生长。

2.形态特征

成虫　长椭圆形。初孵化时红棕色,后逐渐加深至黑褐色或黑色,有光泽;体长 16～20 mm,宽 8～10 mm。触角 10 节,鳃片部 3 节呈红褐色;雄虫鳃片状部明显。前胸背板宽大于长,前缘中部呈弧形凹陷,侧缘和后缘向外突,背板上有许多刻点。鞘翅长度为前胸背板宽度的近 2 倍,鞘翅最宽处在两鞘翅中部;每鞘翅上各有 4 条明显的隆线;前足胫节外缘齿 3 个,内方有距 1 根与中间齿相对,中后足胫节末端有端距 2 个。胸部腹面密生黄毛,腹部腹板光亮。雄虫尾节中部凹陷,尾节前有个三角形横沟。雌虫尾节中央隆起。

卵　椭圆形,乳白色,有光泽;长约 2.5 mm,宽约 1.3 mm。

幼虫　老熟幼虫体长 30～42 mm,头宽 4.1 mm;乳白色。头部红褐色,头部前顶区刚毛每侧各 3 根,成一纵列,肛门孔 3 裂,臀节腹面无刺毛列,钩状刚毛群呈三角形分布。

蛹　裸蛹,初为黄白色。

3.生物学特性

该虫每年发生 1 代,以成虫和幼虫在土中越冬。5 月上中旬开始产卵,其产卵期可延续到 9 月下旬,产卵盛期在 6 月上旬至 7 月上旬。卵期多数为 20 天左右。6 月上旬幼虫开始孵化,6 月下旬至 8 月中旬为孵化盛期。在 8 月以后羽化的成虫当年不出土,而在土中潜伏越冬。以成虫越冬为主的年份次年春季危害轻,但夏秋季危害重,以幼虫越冬为主的年份,次年春季为害重,而夏秋季为害轻。

成虫每日黄昏开始出土活动,晚 8～9 时为出土高峰期,白天很少出动。成虫出土后先交尾后进行觅食;食量大,偏食李、杨、榆等树叶,能连续取食;成虫有多次交尾、分批产卵习性。卵散产于土壤里,产卵深度为 5～10 cm,常几粒连在一起,每雌虫一生产卵量为 100～200 粒。成虫有假死性和较强的趋光性,初羽化成虫,出土后先在地面爬行,后做短距离飞行觅食,尤其喜欢在地边群集取食交尾,并在近处土壤里产卵。

幼虫共 3 龄,各龄幼虫均有互相残杀习性,初孵化幼虫先取食土中腐殖质,以后取食苗木及农作物的地下根部,各龄的初期和末期食量较小,3 龄食量最大,取食根茎及播下的种子。幼虫具假死性。常沿垄向前移动,在新鲜被害株下很容易找到幼虫,上下垂直活动力较大,随地温升降而上下活动;土壤湿度对幼虫的生长发育有很大影响,过湿或过干都会造成幼虫大量死亡。

4.防治措施

(1)农业技术措施防治。一是对于蛴螬发生严重的地块,在深秋或初冬翻耕土地,将大量蛴螬暴露于地表,使其被冻死、风干等,减轻第二年的为害。

二是金龟子对未腐熟的厩肥有强烈趋性,常将卵产于其内,如施入土中,则带入大量虫源。而腐熟的有机肥可改良土壤的透水、通气性状,提供土壤微生物活动的良好条件,使根系发育快,增强作物的抗虫性。

(2)捕杀成虫。利用成虫的假死性进行人工捕杀,利用成虫的趋光性进行灯光诱杀。

(3)药剂防治。幼虫为害时期,可喷洒 40％的甲基异硫磷乳油 500 倍液,或用 0.5 kg 药加细土 40～50 kg 制成毒土,开沟埋入,可杀死土壤中的蛴螬、蝼蛄等。

小地老虎

学名 *Agrotis ypsilon*(Rott.)

别名 土蚕

1.分布、寄主与为害

桐柏分布广泛,为害多种林木、果树幼苗。其为害特点为沿河流域以及水浇地发生严重,造成缺苗断垄。

2.形态特征

成虫 体长16～21 mm,翅展38～51 mm。头部、胸部背面暗褐色,足褐色,前足胫节与跗节外缘灰褐色,中后足各节末端有灰褐色环纹。前翅褐色,外缘以内多暗褐色,基线浅褐色双线波浪形不显,内横线双线黑色波浪形,中横线暗褐色波浪形,外横线褐色,双线波浪纹,亚外缘线灰色不规则锯齿形,其内缘在中脉之间有2个尖端向内的木楔形黑纹,亚外缘线与外横线间在各脉上有小黑点,外缘线黑色,外横线与亚外缘线间淡褐色,亚外缘线以外黑褐色。后翅灰白色,纵脉及缘线褐色,腹部背面灰色。

卵 馒头形,表面有纵横隆线。初产时为乳白色,后渐变为黄色。

幼虫 圆筒形,头部褐色,具有黑褐色不规则网状纹,额中央有黑褐色纹;体暗褐色,满布大小不均匀彼此分离的颗粒,这些颗粒稍有隆起,前胸背板暗褐色,臀板黄褐色,其上具两条明显的深褐色纵带,胸足与腹足黄褐色。

蛹 赤褐色,具光泽。腹部末端臀棘短,具短刺1对。

3.生物学特性

该虫每年发生4代,以幼虫越冬,4月中旬出蛰为害。成虫白天潜伏于土缝、枯枝落叶、杂草等隐蔽处,晚上进行觅食、交尾、产卵等活动,活动程度除与风有关以外,与当地平均气温关系亦很密切。当地平均气温达4～5℃时,在小范围内可见到有少量成虫活动,当平均气温达13℃以上时,成虫活动范围大、数量多。喜食糖、醋等酸甜味食物。成虫补充营养后交配产卵,卵散产于杂草、幼苗或落叶以及土缝中。产卵量的多少与幼虫期的食料和成虫期补充营养的质量呈正相关。卵期与当地平均气温高低有关。幼虫共 6 龄。1~2 龄幼虫群集幼苗嫩叶处日夜取食为害。3 龄后开始分散,白天潜伏,夜间出动啃断苗茎,当苗木木质化后,则食嫩叶。4 龄后食量大增,常给苗木造成严重缺苗断垄现象。当食料缺乏或环境不适,导致幼虫夜间迁移为害。老熟幼虫受惊,便卷曲作假死状。老熟时,在土层深 6 cm 处做室化蛹,蛹期约 15 天。

4.防治措施

(1)轮作灭虫。实行水旱轮作可消灭多种地下害虫,在地老虎发生后及时进行灌水可收到一定效果。

(2)捕杀幼虫。清晨在受害苗周围,或沿着残留在洞口的被害茎叶,将土扒开 3~5 cm 深即可发现幼虫,或在幼虫盛发期的傍晚 20~22 时捕杀幼虫。

(3)农业防治。早春清除周围杂草可消灭越冬代成虫产卵场所和第一代幼虫食料来源。

(4)诱杀防治。一是黑光灯诱杀成虫;二是用糖醋液诱杀;三是毒饵诱杀幼虫,75%辛硫磷乳油 0.5 g,加少量水,喷拌细土 120~170 kg,每亩施用 20 kg;四是堆草诱杀幼虫,每 25~40 kg 鲜草拌 90%敌百虫 250 g,加水 0.5 kg,每亩施用 15 kg。

(5)化学防治。地老虎 1~3 龄幼虫期抗药差,且暴露在寄主植物或地面上,是药剂防治的适期。可采用 20%氰戊菊酯 3 000 倍液,或 90%敌百虫 800 倍液,或 50%辛硫磷 800 倍液。

大地老虎

学名 *Agrotis tokionis* Butler

别名 土蚕

1.分布、寄主与为害

桐柏分布广泛,食性杂,幼虫咬食幼苗的嫩茎叶,常给苗圃造成严重危害。

2.形态特征

成虫　体长 18～21 mm,体暗褐色,翅展 50～60 mm,前翅褐色,后翅灰黄色,外缘具有很宽的黑褐色边。

幼虫　体长 38～57 mm,体黄褐色,体表多皱纹,微小颗粒不显,头部唇基三角形底边大于斜边,蜕裂线两臂在颅顶不与颅中沟相连。腹部第 1～8 节背面的 4 个毛片,前面两个和后面两个大小几乎相同。臀板几乎全为深褐色的一整块密布龟裂状的皱纹板。

3.生物学特性

该虫每年发生 1 代,以 3～6 龄幼虫在土表或草丛潜伏越冬,越冬幼虫在 4 月份开始活动为害,6 月中下旬老熟幼虫在土壤 6 cm 深处筑土室越夏,越夏幼虫对高温有较高的抵抗力,但由于土壤湿度过干或过湿,或土壤结构受耕作等生产活动田间操作所破坏,越夏幼虫死亡率很高;越夏幼虫至 8 月下旬化蛹,9 月中下旬羽化为成虫,卵散产于土表或生长幼嫩的杂草茎叶上,孵化后,常在草丛间取食叶片,如气温上升时,越冬幼虫仍活动取食,抗低温能力较强,在低温情况下越冬幼虫很少死亡。

4.防治措施

参见小地老虎的防治措施。

东方蝼蛄

学名　*Gryllotalpa orientalis* Burmeister

别名　非洲蝼蛄、拉拉蛄、土豹子

1.分布、寄主与为害

各苗圃地普遍发生,东方蝼蛄是杂食性大害虫,成虫与若虫均能为害,取食各种林木幼苗和刚播下的种子,并在地表挖掘坑道把幼苗拱倒,给苗圃造成重大经济损失。

2.形态特征

成虫　体长 30～35 cm,淡黄褐色,密生细毛,形态与华北蝼蛄相似,但体躯小,故又称小蝼蛄,后足胫节背侧内缘有棘 3～4;腹部近纺锤形。

卵　椭圆形,较华北蝼蛄的卵大,初产时长 2 mm 左右,宽 1 mm 左右,初产时为黄白色,有光泽,后变为黄褐色,孵化前呈暗紫色或暗褐色。

若虫　共 6 龄。初孵若虫体长 3.5 mm 左右,末龄若虫体长 22～26 mm,后足胫节有棘 3～4 个。

3.生物学特性

该虫每年发生 1 代,以成虫和若虫在土壤 60～120 cm 深处越冬。越冬成虫在 5 月间交尾产卵,卵期 21～30 天,若虫期 400 多天,共脱皮 6 次,第二年夏秋季羽化为成虫,少数当年即可产卵,但大部分则再次越冬,至第 3 年 5～6 月份交尾产卵。

全年活动大致分为 6 个时期:①冬季休眠期。10～11 月份,成虫和若虫在土壤下 60～120 cm 深处越冬,一窝一头,头部向下。②春季苏醒期。洞顶壅起一堆虚土隧道,此时是春季调查虫口密度、蝼蛄种类、挖洞灭虫和防治的有利时机。③出窝迁移期。4～5 月份蝼蛄进入活动盛期,出窝迁移,地面出现大量弯曲的虚土隧道,在隧道上留有一小孔。④猖獗为害期。5～6 月份,蝼蛄活动量和食量大增,并准备交尾产卵,形成为害高峰。⑤越夏产卵期。6 月中下旬至 8 月下旬,天气炎热,若虫潜入 30～40 cm 深的土层中越夏,接近交尾产卵末期。⑥秋季为害期。9～10 月份成虫和若虫上升土表集中活动,形成秋季为害高峰。

4.防治措施

(1)灯光诱杀。在苗圃地周围设黑光灯或火堆诱杀,晴朗无风闷热天诱集量最多,以 20～22 时诱杀效果最好。灯火最好设在距苗木有一定距离的地方,以免落地蝼蛄爬进田内而造成危害。

(2)施用毒土。在做苗床(垄)时,向床面或垄沟里撒布配好的毒土,然后翻入土中。

(3)毒饵诱杀。毒饵的配法用40%乐果乳油与90%敌百虫原药用热水化开,0.5 kg加水5 kg,拌饵料50 kg。饵料要煮至半熟或炒香,以增强引诱力;傍晚将毒饵均匀撒在苗床上。在苗圃步道间,每隔20 m左右挖一规格为(30~40) cm×20 cm×6 cm的小坑,然后将马粪或带水的鲜草放入坑内诱集,加上毒饵效果更好,次日清晨可到坑内集中捕杀。

华北蝼蛄

学名　*Gryllotalpa unispina* Saussure

别名　拉拉蛄、土狗、泥狗等

1.分布、寄主与为害

在各苗圃地广泛分布。主要为害苗圃实生幼苗,以及农作物、蔬菜幼苗等。

2.形态特征

成虫　体长32~54 mm,前胸宽6~10 mm。体色呈黄褐色。前翅覆盖腹部不到1/3,后足胫节背面内侧有刺1个。

卵　椭圆形,长1.4~1.6 mm,宽1~12 mm,初产为乳白色,具光泽,后期为黄褐色。

若虫　初孵为乳白色,脱1次皮后变为浅黄褐色,5~6龄后与成虫体色近似。初龄若虫体长3.3~3.7 mm,末龄若虫体长35~38 mm。

3.生物学特性

该虫每3年完成1代。以成虫和若虫在土壤中越冬。翌年3~4月,当10 cm深地温达100 ℃时,开始上升和活动为害。越冬成虫于6~7月间交配,成虫对产卵地点的选择较严格。产卵前先在11~13 cm土壤深处做椭圆形卵室,卵室上方另挖一活动室。卵室下方再挖一隐蔽室为产卵后栖息场所。每一室中产卵48~83粒。每头雌虫产卵

125 余粒。卵历期 18~22 天。

初孵若虫营群集生活,以后渐渐分散活动,至秋季达 8~9 龄时入土越冬。第 2 年春越冬若虫上升为害,到秋季又入土越冬,第 3 年春再上升为害,到 8 月上中旬才开始羽化为成虫,秋季以成虫越冬。

4.防治措施

参考东方蝼蛄的防治措施。

第二章　枝干病虫害

第一节　病　害

杨树烂皮病

杨树烂皮病又名杨柳腐烂病,是杨、柳树的重要病害。发生普遍,几乎分布各地。个别年份、个别地区往往形成病害的流行,对杨、柳树种的发展影响很大。

1.症状

杨树烂皮病的症状可分为干腐型和枯梢型。

干腐型:病斑多发生在主干分权处和大枝、树干上。发病初期,光皮树种在患部透出褐色或灰褐色水浸状病斑,微隆起,病健交界处明显;粗皮树种病斑不明显。当树势衰弱、空气湿度大时,病组织迅速坏死,变软腐烂。手压病组织有褐色液体流出,有酒糟气味,以后病组织失水干缩下陷。患部树皮的韧皮部或内皮层呈褐色或灰褐色,糟烂如麻。病斑沿树干纵横方向发展。当病斑绕树一周时,病部以上枝条枯死,出现枯枝、焦梢等症状。

枯梢型:病斑多发生在1~2年生幼树主干或大树枝条上,初期病部暗灰色,不呈水浸状,使病斑以上枝条枯死,此时病斑皮层外部呈枯黄色,相继出现散生小黑点,韧皮部变为黑褐色,易与木质部脱离。

2.病菌及发生规律

病菌是 *Valsa sordida* Nit,属子囊菌纲、球壳菌目、间座壳菌科、污浊腐皮壳属。无性世代 *Cytospora chrysosperma*(Fers)FR.子座尖球或扁球形,不十分明显,初埋生,以后多少突出表皮外,子囊壳埋生于子座中,瓶状,具长颈单个散生,子囊棍棒状,两端稍尖,无色。分生孢子器埋生于子座中,黑色、单室或多室,具明显的壳口,分生孢子单孢。每年3月下旬开始发病,5月上旬为盛期,7月以后发病渐慢停止蔓延。8、9月又出现发病高峰期。该病流行与温度有关,平均气温10~15℃有利发病,20℃以上则发病下降。传播途径一般是病菌以菌丝及分生孢子器或子囊壳在病斑内越冬。次年当气温上升,又逢阴雨时分生孢子器吸水,生出分生孢子角,分生孢子借风、雨、昆虫传播,一年中重复感染。孢子通过虫伤、整枝伤口,枝杈处皮层的裂缝,枯死枝条,日灼、冻伤等伤口侵入寄主,在树势衰弱的条件下能从皮层穿透侵入。

3. 防治措施

(1)选用无病壮苗,增强树势,提高抗病能力。可与槐树、榆树混栽,做好树种搭配。集中烧毁病枝,减少病菌。

(2)对衰弱树,在3、6、10月份三季涂白,预防感染。常用涂白剂的配方是:优质生石灰5 kg、石硫合剂原液0.5 kg、食盐0.5 kg、动物油0.1 kg、水20 kg。先将生石灰和盐分别用水化开,然后将其混合,再加入动物油和石硫合剂,充分搅拌均匀即成。

(3)对已感病树,先刮除病斑,然后涂药,每15天涂1次,涂药种类:用Bt杀菌剂20~60倍、10%浓碱水、50%退菌特、废机油等涂抹。

杨树溃疡病

杨树溃疡病又叫杨树水泡型溃疡病,为杨树上常见病害,分布广泛。

1. 症状

通常以水渍状病斑为主,原形或椭圆形,直径约1 cm,边缘不明显,手压病斑有褐水流出,后期病斑下陷,呈灰褐色,中央有裂缝。水泡型病斑仅发生在光皮杨树上,在皮孔的边缘形成水泡,初为圆形,极小;后水泡变大,直径0.5~2.0 cm,泡内充满淡褐色液体;随后水泡破裂,流出淡褐色液体,遇空气变成黑褐色,并把病斑周围染成黑褐色;最后病斑干缩下陷,中央有一纵裂小缝;有的病斑翌年会继续扩大;后期病斑上出现黑色针头状分生孢子器。如病斑累累,环绕一周,可使植株死亡。

2.病菌及发生规律

病菌有性阶段为 *Botryospheria dothiorella*,同物异名为 *B. ribis*,无性阶段病菌为 *dothiorella gregaria*。以菌丝体和未成熟的子实体在病组织内越冬。4月开始发病,5月下旬至6月形成第一个发病高峰。7～8月气温增高时病势减缓,9月出现第二个发病高峰,此时病菌来源于当年春季病斑形成的分生孢子,10月以后停止。春季气温10℃以上,相对湿度60%以上时,病害开始发生;24～28℃时最适宜发病。病菌从伤口或皮孔进入,潜育期约一个月。从发病到形成分生孢子期需要2～3个月,秋季在病斑上形成囊腔和子囊孢子。潜伏侵染是杨树溃疡病的重要特点,当树势衰弱时,有利于病害发生。当年在健壮的树上发病的病斑,翌年有些可以自然愈合。同一株病树,阳面病斑多于阴面。

3.防治措施

(1)加强苗木栽培管理,秋季对来年要出圃的苗木用70%的甲基托布津200倍液普遍喷雾一次,以减少苗木带菌。

(2)早春苗木出圃后,立即在清水里浸泡24小时;尽量减少运输和假植时间,栽后及时灌水,提高苗木生长势。

(3)发病高峰前,用70%的甲基托布津或百菌清500倍液涂干。

泡桐丛枝病

泡桐丛枝病又名泡桐扫帚病。桐柏为多发区,一般发病在30%～50%,严重影响植株生长,甚至造成死亡,是威胁泡桐生长的重要病害。

1.症状

泡桐丛枝病是全株传染病害,在枝、干、花、根部均可表现出病状,常见有丛枝型和花变枝两种类型。

丛枝型:发病开始时腋芽和不定芽大量萌发,抽生很多小枝,节间变短,叶序紊乱,病叶黄化,小而薄,有明脉状和皱叶状,冬季小叶不脱落,呈扫帚状,发病当年或1～2年小枝枯死,当大部分枝条枯死后会引起全株枯死。

花变枝:叶型花瓣变成小叶状,花蕊形成小枝,小枝腋芽继续抽生形成丛枝,花萼明显变薄,色淡无毛,花托分裂,花蕾变形,有越季开花现象。

2.病菌及发生规律

病菌为类菌质体 *Mycoplasma - like* Bodies,在泡桐输导组织中可通过筛管板孔在筛管中流动。菌体有明显的单位膜,由两层蛋白质膜中间夹一层类脂质构成,在菌体内部有呈现块状结构的核蛋白质和丝状的去氧核糖核酸。类菌质体对四环素族的药物敏感,若用四环素处理泡桐丛枝病,在一定年限内疗效显著。类菌质体在泡桐病根、病枝韧皮部内潜伏越冬,传染途径主要是用感病植株的根条育苗,也可由烟草盲蝽、小绿叶蝉传播。用种子育苗,在苗期及幼树阶段很少发病。

3.防治措施

(1)挑选抗病的根条育苗,或种子育苗。

(2)加强栽培管理,在生长季节不要损坏树根、树枝和枝条,对于初发病的枝条应及早修除。改善立地条件,提高抗病能力。

(3)病树治疗。用盐酸四环素治疗,方法是:取四环素(25万单位)4片,研成粉状,放入 1 ml 盐酸和 10 ml 水中溶解,溶化后再加入 90 ml 水。用兽用注射器将此药液注入树干基部髓心,苗木较嫩用量可小些,每株用药 10~20 ml。用量视苗木而定,苗木较大用量可大些。

竹丛枝病

竹丛枝病又称扫帚病或雀巢病。危害刚竹、淡竹、苦竹等,分布广泛。病竹生长衰弱,发笋减少。在发病严重的竹林中,病竹常大量死亡,引起整个竹林生长衰败。

1.症状

发病初期,个别细弱枝条节间缩短,叶退化呈小鳞片形。病枝在春秋季不断长出侧枝,形似扫帚,严重时侧枝密集成丛,形如雀巢。4~5月,病枝梢端,叶鞘内产生白色米粒状物,为病菌丝和寄主组织形成的假子座。雨后或潮湿的天气,子座上可见乳状的液汁或白色卷须状的分生孢子角。6月间,子座的一侧又长出一层淡紫色或紫褐色的疣状有性子座。9～10月,新长的丛枝梢端叶梢内,也可产生白色米粒状物。但不见有性子座产生。病竹从个别枝条丛枝发展到全部枝条发生丛枝,致使整株枯死。

2. 病菌及发生规律

竹丛枝病病菌是真菌子囊菌亚门、核菌纲、球壳菌目中丛枝疣座菌 *Balan - sia take*(Miyake)Hara。病菌的子座内有多个不规则的腔室,腔室内产生许多分子孢子。分生孢子无色,由3个细胞组成,两端细胞较粗,中间细胞较细。子囊壳埋生于有性子座中,瓶状并露出乳头孔口。子囊圆筒形,子囊孢子线形,无色,8个束生,有隔膜会断裂。病枝梢端和部分小病枝易受冻害枯死,未枯死的小枝90%以上梢端会产生米粒状的子实体。病菌的分生孢子通过雨水传播,一般在5～6月为传播和传染新梢的盛期,被传染的新梢逐渐变成具鳞片状小叶的细长蔓枝。在老竹林,尤其是抚育管理不良、郁闭度大、通风透光不好的竹林,或者低陷处溪沟边、湿度大的竹林以及抚育管理不善的竹林,病害发生较为常见。

3. 防治措施

(1)选用抗病树种,培育无病壮苗,选无病母树的根作繁殖材料,采用种子培育实生苗,不易发生丛枝病。

(2)药物治疗病株。对发病的平茬苗,可于发病初期对发病的植株用盐酸四环素进行髓心注射,药液配方是:水4.25 kg+浓盐酸0.05 kg+25万单位四环素。用量视苗木而定,苗木较大用量可大些,苗木较嫩用量可小些,一般在15～20 ml。把药液注射在靠近发病部位下节间的髓心里,并把叶腋中的丛枝摘除烧掉。

竹杆锈病

竹杆锈病又称竹褥病。危害淡竹、刚竹、桂竹、箭竹、毛金竹等竹种。竹子栽培区均有发生,有的竹园病株率可达15%～30%。桐柏为轻度发生。

1.症状

病害多发生在竹杆基部,发病严重时,竹杆中、上部甚至小枝也会被害。每年 11 月至第二年春天,病部产生红色至橙黄包的冬孢子堆,干后呈黄棕色。竹子被害后,病部表层变暗栗色,竹子发脆,影响工艺价值。发病重的竹子,尤其直径较小的病竹,容易整株枯死。被害重的竹林,生长衰退,发笋减少。

2.病菌及发生规律

病菌是皮下硬层锈菌 *Stereostratum corticioides* Berk et Br.。冬孢子椭圆形,两端圆,双细胞,淡黄色,夏孢子为单细胞,近球形或卵形,近无色或淡黄色。病菌的菌丝在寄主活组织中可存活多年。每年 5～6 月产生夏孢子堆,夏孢子通过风力传播,使病害蔓延扩展。主要侵染当年新竹,多数在当年冬季至次年春开始发病,产生冬孢子,少数延至第二年的冬、春季才开始发病,产生冬孢子堆。竹杆锈病在管理不良、生长过密、植株细弱的竹林中容易发生,在比较阴湿的竹林中也容易发生。病害多在 2～3 年生的植株上发病。

3.防治措施

(1)加强竹丛肥培管理,及时整理竹丛,合理修疏,保持通风透光。

(2)发病初期及时对病斑较少的病株用刀刮除病斑,严重的伐除和烧毁病株,以免病害扩展蔓延。

(3)早春、初夏和秋末喷用波美 0.5～1 度石硫合剂,或粉锈宁 800～1 000 倍液喷施 1～2 次。

板栗疫病

板栗疫病又称板栗干枯病、胴枯病、溃疡病。桐柏为局部发生。该病主要危害主干及树枝的树皮,引起烂皮或溃疡,造成枝条甚至全株枯死。

1.症状

主要危害大树的主干及较大的侧枝,光滑树皮上症状比较明显。

病斑初期水渍状,红褐色,圆形或不规则形,略隆起。湿度大时溢出黄褐色汁液。病害继续发展时,病斑逐渐扩大,包围树干并向上下蔓延。中后期病斑失水下陷,皮层开裂。撕开树皮可见树皮与木质部之间的乳白色到浅黄褐色羽毛状扇形的菌丝层。春季病斑产生橙黄色疣状子座。子座顶破表皮外露,遇雨或空气潮湿产生黄褐色、棕褐色胶质卷丝状的分生孢子角。秋季子座颜色加深,子座中产生子囊壳。粗糙树皮的主干或大枝受害后无明显病斑,但可见黄褐色的疣状子座及丝状的分生孢子角,皮层下边产生明显的菌丝扇。枝条受害时,病斑发展到绕枝一周,病斑以上部分枯死。幼树发病则易使基部以上枯死,病斑以上部分可产生大量萌蘖,几年后导致病树完全死亡。

2.病菌及发生规律

病菌为子囊菌寄生隐丛壳菌 *Cryptonectria parasitica*（Murr.）Barr. *Endothia parasitica*（Murr.）P. J. et H. W. Anders,病菌以菌丝、分生孢子和子囊孢子在病组织中越冬,3月底至4月初病菌开始活动,4月下旬至5月上旬开始出现分生孢子器、分生孢子角。分生孢子借雨水、昆虫、鸟类传播,可进行多次再侵染。5月下旬枝干出现新病斑。6月中旬病株枝叶发黄,以后枯死枝条逐渐增多,7~8月病斑扩展更快,大量出现全株性枯死,10月下旬以后,病斑扩展逐渐停止,并陆续在树皮上出现埋生子囊壳的橘红色子座,12月后开始出现子囊孢子,借风传播。病菌只能由各种伤口侵入。

栗疫病菌为弱寄生菌,它的发生与影响树势的各种条件密切相关。阴坡、地势平缓、土层深厚肥沃、排水良好的环境,以及经营管理强度高、栗树生长旺盛,则抗病能力强,发病少;反之,抗病性差,发病率高。遭受冻害的树易受病菌感染。由于害虫为害造成伤口,而且影响树势,促使板栗疫病严重发生。成年树较幼树发病率高。幼树或枝条嫁接的接口周围易发生疫情,致使嫁接失败。

3.防治措施

(1)加强检疫,防止带病苗木或接穗从病区传到无病区。如必须从病区调运苗木、接穗时,除严格检验外,应用50%多菌灵、50%退菌特或75%代森锰锌等杀菌剂500倍液喷洒处理。

（2）减少和保护伤口。对嫁接苗及时喷洒 50%退菌特、50%多菌灵 800 倍液进行预防。冬、夏季树干涂白，防止日灼、冻伤、损伤等发生。

（3）加强栽培管理，如垦复、施肥等，增强树势，提高抗病力。

（4）对病树可刮除病皮，涂抹 50%多菌灵 200 倍液或 1%硫酸铜液等。刮下的树皮应集中烧毁，重病株应及时伐除并烧毁。

枣疯病

枣疯病是枣树和酸枣树的一种毁灭性病害，在全国大部分枣区均有发生。桐柏为轻度发生区。

1.症状

枣疯病的症状表现是花梗伸长，萼片、花瓣、雄蕊变成小叶，主芽、隐芽和副芽萌生后变成节间很短的细弱丛生状枝，休眠期不脱落，残留树上。重病树一般不结果或结果很少，果实小，花脸、果内硬，不能食用。一般从局部枝条先发病，逐渐蔓延。

枣疯病是一种系统侵染性病害。其表现症状因发病部位不同而异。一般有 6 种表现形态：①病根。病根变为褐色或深褐色，形成斑点性溃疡斑，导致烂根。病根常萌发大量丛生小根。②丛枝。丛生枝条纤细，节间短、叶片小，黄绿色，呈扫帚状。病枝在秋季干枯，冬季不易脱落。③花叶。不常见，多发生在嫩枝顶端，叶片出现黄绿相间的斑，或出现叶脉透明状及黄化。④花变叶。花蕾发病，花柄伸长呈小枝状，花萼变成叶片，雄蕊有时也变成小叶片，表现出花器返祖现象。⑤病果。发病晚的枝尚能结果。病果大小不整齐，着色不均匀，或有花脸状绿斑，有的病果小而狭变为锥形。⑥枣吊变态。发病枣吊先端延长，延长部分叶片小，有明脉。

2.病菌及发生规律

枣疯病的病菌为植原体，传染途径主要通过中华拟菱纹叶蝉、凹缘菱纹叶蝉和嫁接、带病苗木进行传播，松、柏、芝麻等植物是叶蝉的越冬场所和主要寄主。该病的传播途径：一是媒介昆虫，目前已知的有中华拟菱纹叶蝉、橙带拟菱纹叶蝉、凹缘菱纹叶蝉和红闪小叶蝉 4 种叶蝉,它们在疯病树上吸毒后,转移至健康树上取食,健康树就被感染;二是嫁接,芽接和枝接等均可发病,接穗或砧木有一方带毒即可使嫁接株发病,嫁接后的潜育期长短与嫁接部位、时间和树龄有关,最短为 25 天,最长可达 382 天。带病的根生苗也能传播,其中媒介昆虫的大发生是导致枣疯病爆发的重要原因。这类叶蝉以卵或成虫在枣树一、二年生树上,在酸枣、柏、松、刺槐芽处越冬,4～9 月不断繁殖和传播病害。

病原一旦侵入树体,7～10 天后向下运行至根部,增殖后又从下而上运行至树冠,引起疯枝,小苗当年可疯,大树大多第 2 年才疯。病原通过韧皮部的筛管运转。病枝中有病原,病树健枝中基本没有。生长季节,病枝和根部都有病原,休眠季节地上部病枝中基本没有病原,而根部则一直有病原。

枣园生态条件与枣疯病的发生和流行关系密切。①土壤干旱瘠薄,管理粗放、树势衰弱的低山丘陵枣园和边缘产区发病严重;杂草丛生,周围有松、柏和刺槐的枣园发病重,这与传病叶蝉数量有关;土壤酸性,石灰质含量低的枣园发病重;管理水平高的平原沙地枣园发病轻。②靠自生根蘖苗培育成株的枣区病情发展快,而单株栽植的枣区发病较轻。幼树发病重,大树发病轻,因幼树徒长枝多,有利于传病叶蝉取食。

3. 防治措施

(1)加强产地检疫,选择无病母株采集接穗、插条和繁殖根蘖苗。严禁枣疯病苗进入枣区。

(2)选用抗病品种接穗或分根进行繁殖,培育无病苗木,苗圃中一旦发现病株立即拔除。铲除病树,防止传染。及时彻底地刨除病树,刨除病树时,应将大根一起刨净,去除的病树、病枝或病根要及时烧毁。

(3)加强枣园管理。增施有机肥、碱性肥。可改善土壤理化性质,提高土壤肥力,增强树势。

(4)防治田间传播介体昆虫。5～9 月间喷 50% 对硫磷乳油加 50% 乐果乳油各 250 倍液或 50% 乐果乳油加溴氰菊酯各 250 倍液。

松枯梢病

松枯梢病在世界各地均有发生,主要分布于东、西半球南纬和北纬30°～50°地区。在桐柏山区不同年份发生情况差别较大。

1.症状

松树枯梢病发病初期,嫩梢上出现暗灰蓝色溃疡病斑,皮层开裂,从裂缝处流出淡蓝色松脂,邻近受害的针叶短小枯死。以后部分嫩梢会继续伸长,溃疡病部也会愈合,但有些病斑继续扩展,嫩梢弯曲,进而发展为枯梢。在枝条和主干上,溃疡病部不断扩大膨肿,并长期流脂。当溃疡斑绕枝条一圈时,溃疡病部以上的顶梢枯死,针叶变成棕红色;若病斑环绕主干,则树木全株死亡。有的病梢枯死后虽能萌发侧梢,但侧梢往往又感病干枯,形成"簇顶"现象。发病后期在枯梢或枯叶上会产生圆形或椭圆形突起的小黑点,此即为病菌的分生孢子器。

2.病菌及发生规律

松枯梢病(*diplodia pinea*)为半知菌亚门、腔胞纲、球壳孢目、球壳孢科、色二孢属真菌。病菌的分生孢子器近圆形或椭圆形,(212～350)μm×(150～338)μm,分生孢子初时单胞,无色,卵形;成熟后淡褐色,单胞或双胞,多数在萌发过程中变为双细胞,(28.5～39.9)μm×(14～17)μm。

松枯梢病菌主要侵染马尾松、湿地松、加勒比松和火炬松等多种松树,但以马尾松受害最严重。病菌以菌丝或分生孢子器在罹病针叶、枝条和球果上越冬。在广东,每年3～5月第一次发病,7～8月第二次发病,7月中下旬为发病高峰期,10月以后病情缓慢。病菌靠风雨传播。当嫩梢未老化前,病菌可直接侵入,而寄主枝梢充分木质化后,病菌只能从伤口侵入。在自然条件下,病害主要发生在嫩梢伸长的后期,很少发生于嫩梢伸长前期。病菌在25～28 ℃生长良好,当分生孢子萌发侵入组织后,8～14天就出现症状,24～28天产生新的分生孢子进行再侵染。病害的发病程度因树龄而异,1～5年生较轻,5年生以上的树龄则明显加重。夏季多雨水有利于病菌的侵染、传播。土壤板结、土壤硼素含量低、林分郁闭度大、空气不流通、树木生长势弱等条件下易发病；土壤疏松、排水良好的林地发病较轻。

3.防治措施

(1)适地适树造林，土壤严重缺硼地区应适当追施硼肥。

(2)发现枯梢病后，应将病株枯枝、带病的针叶和球果剪除并集中烧毁。

(3)幼株发病初期可选喷下列药物：1%波尔多液；75%百菌清600～1000倍液。发病严重的地区，春天应喷药3次，第一次在嫩梢刚抽出时，第二次在嫩梢伸长至1/2时，第三次在第二次喷药后半个月左右。若遇雨天，还需喷洒第四次。

雪松枯梢病

该病发生较普遍，主要危害各龄针叶，严重影响树木生长和观赏价值。

1.症状

发病初期，感病针叶近基部产生淡黄色小圆点，以后逐渐扩大成段斑，并迅速向针叶束座处蔓延，传至同束其他针叶，致使整束针叶基部变黄褐色萎缩，而叶尖端呈淡绿色。最后针叶变成黄褐色，全部枯死，且容易脱落。潮湿时，病叶束基部产生灰白色菌丝体和分生孢子。病菌可由针叶束蔓延到嫩梢，导致嫩梢枯死，也可直接危害嫩梢，产生淡褐色小斑，以后扩大成凹陷、水渍状、略缢缩的段斑，引起梢头变褐，弯曲死亡。

2.病菌及发生规律

病菌为蝶形葡萄孢菌 *Botrytis latebricola* Jaap.，隶属半知菌亚门、丝孢纲、丝孢目真菌。病菌以菌丝体在小枝溃疡斑和病落叶痕上越冬，翌年春季条件适宜时产生分生孢子，分生孢子借风雨传播进行侵染危害。4～5月雪松新梢和针叶萌发期，也是发病高峰期。此时若低温多雨，阴雨期长，则加速病害发生与发展。6月上旬以后，随着气温升高，病害就停止发展。

3.防治措施

(1)减少侵染来源。冬季结合修剪清除病枝梢,集中销毁。

(2)药剂防治。新梢和针叶萌发期,喷施 70%甲基托布津 500 倍液,或 1:1:100 波尔多液,每隔 10~15 天喷 1 次,喷 2~3 次。

第二节　虫　害

松纵坑切梢小蠹

学名 *tomicuspiniperda linnaeus*

1.分布、寄主及为害

在桐柏零星分布。主要为害马尾松、华山松、油松、赤松、樟子松。成虫蛀干,受害松树嫩梢风吹易折落。繁殖时为害衰弱木,在树干韧皮部内蛀坑道,致使树木死亡。

2.形态特征

成虫　体长 3.5~4.7 mm,椭圆形。全体黑褐色或黑色,有光泽。触角和跗节黄褐色。鞘翅端部红褐色,斜面上第 2 列间部凹下,小瘤和绒毛消失。坑道:母坑为单纵坑,在树皮上,微微触及边材,一般长 5~6 cm,坑道壁上有一层白色树脂。子坑亦在树皮上,长而弯曲。蛹室在皮层中。

3.生物学特性

该虫每年发生 1 代,以成虫越冬,在北方越冬于被害树干基部落叶层中或土下 0~10 cm 处的树皮内;越冬后的成虫在产卵前,一部分飞向树冠侵入嫩梢补充营养,多从头年枝梢近梢处蛀入取食。当年羽化的成虫多在当年生的新梢上取食,偶有蛀食头年的枝梢,成虫为害枝梢主要在成虫羽化后到越冬前和越冬后到产卵这两个时期。

越冬成虫于 4 月上旬开始飞出,寻找半枯死的松树、衰老松树或新伐倒木上侵入,蛀成单坑道母坑,母坑内常现雌雄各一个,雌虫产卵于松树韧皮部,幼虫期约一个月。5 月中下旬化蛹,5 月份下旬至 6 月上中旬出现新成虫,再侵入新梢补充营养。成虫在枝梢蛀入一定距离后随即退出,另蛀新孔,在一个梢头上蛀入孔达十多个。

4.防治措施

(1)认真贯彻以营林为主的综合防治措施,如合理规划造林,加强抚育管理,以提高林木的生长力和抗虫性能,是防治这类害虫最重要的基本措施。

(2)及时清除被害木,消灭虫源。首先清除对林分威胁最大的新侵害木,其次是枯萎木、新枯立木及老枯立木。清除时间应在幼虫、蛹越冬期至2年成虫羽化前,即头年的10月到次年5月以前均可清除,以第2年3～4月为好。清除时,应注意把树干高度4/5以下的树皮全部剥光,药剂处理剥下的皮,对不能剥皮的原木及时运出林外,用水浸或曝晒虫害木,以消灭原木上的害虫。

(3)设置饵木。在彻底清除虫害木的基础上,可设置饵木诱杀。通常利用衰弱木、梢头木等作为材料,于4月底前放在林中空地,6月下旬至7月上旬剥皮处理,以消灭诱集的虫体。

(4)用20溴氰菊酯2 000～3 000倍液喷干。

松横坑切梢小蠹

学名　*Blastophagus minop hartig*

1.分布、寄主与为害

该虫在豫南山区有零星分布。为害马尾松、油松。此虫在补充营养时侵害健康树,但因母坑道为复横坑,易于截断树液的流通。因此,比纵坑切梢小蠹更易促使林木枯死。

2.形态特征

成虫　体长4～5 mm,黑褐色,其上身被黄褐色短毛,头部和前胸背板呈黑褐色或黑色,并密布圆形点刻。鞘翅和足为暗红褐色,色泽与前胸背板有明显的区别,鞘翅上有明显的点刻,其第二列间部的末端不凹陷,是与松纵坑切梢小蠹容易区别之处。

3. 生物学特性

该虫每年发生 1 代,以成虫在嫩枝内、土中越冬,越冬成虫于 4 月上旬出现,侵入寄主皮下,进行交配产卵繁殖为害,其卵期 10 天,幼虫于 5～6 月化蛹,新成虫 7 月上中旬羽化。此虫喜寄生于树木梢部树皮较薄的部分,母坑道呈飞燕形(为复横坑),子坑道短小,与母坑道垂直排列。当年新羽化的成虫飞出后,即侵入当年生枝条内进行补充营养。

4. 防治措施

防治措施参照松纵坑切梢小蠹的防治。

松十二齿小蠹

学名　*Ips sexdentatus* Boerner
别名　十二齿小蠹

1. 分布、寄主与为害

在豫南山区有零星分布。为害马尾松、杉木等。主要生活在树干基部和主干的厚皮部分,侵害健康或半健康的活立木,树势被削弱后,为其他小蠹的寄生创造了条件,加速了树木的枯死。

2. 形态特征

成虫　体长 5.8～7.5 mm,体圆筒形,褐色至黑褐色,有光泽。体周缘腹面及鞘翅端部被黄色绒毛,前胸背板前半部被鱼鳞状小齿,后半部疏布圆形刻点。鞘翅长为前胸背板长的 1.5 倍。鞘翅端部斜面两侧各有 6 个齿,其中以第 4 齿最大,尖端呈钮扣状。

卵　乳白色,椭圆形。

幼虫　圆柱形,体肥大,多皱褶。

蛹　乳白色。

3. 生物学特性

该虫每年发生 1 代,以成虫越冬。一般在 4、5 月份开始活动,多侵入健康木树干的下部粗大部位产卵,母坑道为复坑,长达 35～45 cm,子坑道短而稀,6 月份开始出现成虫活动,8 月份成虫羽化,在蛹室附近取食蛀孔,深达 2 cm 左右,尾朝外潜伏其中越冬。

4.防治措施

防治措施参照松纵坑切梢小蠹的防治方法进行。

星天牛

学名　*Anoplophora chinensis* Förster
别名　柑橘星天牛、老水牛

1.分布、寄主与为害

分布广泛。为害杨、柳、榆、刺槐、核桃、桑树、梧桐、悬铃木、栎等多种树木。局部地方为害严重,影响树势生长,甚至全株枯死。

2.形态特征

成虫　漆黑色,略带金属光泽,体长 19～39 mm,体宽 6～13.5 mm。头部和腹面被银灰色和蓝灰色细毛,足上多蓝灰色细毛;触角第 3～11 节各节基部有淡蓝色毛环。前胸背板中瘤明显,两侧具尖锐粗大的侧刺突。鞘翅基部有密集的小颗粒,每翅具大小白斑约 20 个,排成 5 横行,从前往后各行白斑数为 4、4、5、2、3。

卵　乳白色至黄褐色,大米粒状,长 5～6 mm。

幼虫　老熟时体长 42～58 mm,乳白色,圆筒形。前胸背板的"凸"字形锈斑上密布微小刻点,前方左右各有个锈色斑。

蛹　乳白色至黑褐色,触角细长、卷曲,体形与成虫相似。

3.生物学特性

该虫 2 年完成 1 代,以幼虫在木质部坑道内越冬。次年 3 月间开始活动,4 月份幼虫老熟,蛀蛹室和直通表皮的圆形羽化孔,在蛹室化蛹,5 月下旬化蛹结束。蛹期 17～30 天。5 月上旬成虫开始羽化,5 月末为成虫出孔高峰。从 5～7 月下旬均有成虫活动。卵期 7～17 天,6 月中旬孵化,高峰在 7 月中下旬。9 月末绝大部分幼虫转而沿原坑道向下移动,至蛀入孔再另蛀新坑道向下部蛀害并越冬。

成虫羽化后先在蛹室停留 5～8 天才从羽化孔外出,咬食寄主幼嫩枝梢补充营养,10～15 天后全天都可交配,雌雄虫可多次交配;3～4 天后产卵,咬"T"或"人"字形刻槽,产卵于刻槽的下方;产卵处皮层隆起、开裂,表面湿润。每雌虫可产卵 23～32 粒。成虫寿命 40～50 天,飞翔力不强。幼虫孵化后在树皮下蛀食,形成不规则的扁平坑道,随后向木质部深入 2～3 cm 后转而向上蛀坑并向外蛀穿一个排粪孔,排出黄色虫粪和蛀屑。

4. 防治措施

(1)加强栽培管理,对受害严重的衰老树,及早砍伐处理,6～8 月间检查树干,发现虫卵及幼龄幼虫可用小刀刮杀,刮口涂以浓石硫合剂。

(2)在成虫大量出孔时,利用中午栖息特性,捕杀成虫。

(3)幼虫蛀入木质部后,可用钢丝钩杀幼虫,也可用 80％敌敌畏乳剂或 40％乐果乳剂 5～10 倍液,用脱脂棉吸收后,塞进蛀道内。施药前要掏光虫粪,施药后洞口用泥土封闭。

光肩星天牛

学名　*Anoplophora glabripennis* Motschulsky

别名　光肩天牛

1. 分布、寄主与为害

分布广泛。为害杨、柳、榆、糖槭、桑、梨等,尤以杨、柳为主要树种的农田林网、四旁植树、行道树等发生普遍,为害严重;被害树株枯死或风折。

2. 形态特征

成虫　体黑色,有光泽。雌虫体长 22～41 mm,宽 8～12 mm;雄虫体长 20～29 mm,宽 7～10 mm。头部比前胸略小,自后头经头顶至唇基有 1 条纵沟。触角鞭状,柄节端部膨大,梗节最小,第 3 节最长,自第 3 节起各节基部呈灰蓝色;雌虫触角约为体长的 1.3 倍,雄虫触角约为体长的 2.5 倍。前胸两侧各有 1 个刺状突起。鞘翅上各有不规则的由白色绒毛组成的斑纹 20 个左右,有的不清晰;鞘翅基部光滑无小瘤,肩角内侧有刻点。

卵　乳白色,长椭圆形,长 5.5～7 mm,两端略弯曲;孵化前变为黄色。

幼虫 初孵幼虫乳白色;老熟幼虫淡黄色,头部为褐色,体长约 50 mm。前胸背板凸字形斑在拐弯处角度较小;腹板的主腹片两侧无卵形锈色针突区。

蛹 乳白色至黄白色,体长 30~37 mm,宽约 11 mm。

3. 生物学特性

一般为 2 年 1 代。多以幼虫在坑道内越冬,9 月中旬以后产出的卵则以卵越冬。越冬幼虫于 3 月下旬开始活动取食,4 月末开始在坑道上部筑蛹室,6 月中下旬为化蛹盛期,蛹期 11~26 天。6 月中旬到 7 月下旬为成虫出现盛期,8 月上、中旬为末期,但成虫出现期直到 10 月中旬才结束。卵期 10~13 天,7 月上旬为幼虫孵化盛期。初孵幼虫逐渐向干枝横向转移,蛀害木质部表层。3 龄以后蛀入木质部内,蛀成近"S"形或"U"形的坑道,坑道互不通连。

成虫羽化后啃食杨柳叶柄、叶片和嫩枝进行补充营养。产卵前雌虫咬椭圆形刻槽,卵产于皮层与木质部之间,每刻槽内产卵 1 粒,产卵后分泌黏液以蛀屑堵塞孔口。产卵位置一般与树干胸径有关,胸径增加产卵的部位也上移,大树则完全产在枝干的分杈处。

4. 防治措施

(1)营造混交林,适当推广刺槐、泡桐、臭椿等树种与杨树进行带状或块状混交,创造不利于光肩星天牛繁殖和扩散的环境。加强水肥管理,增强树势,增加光肩星天牛卵及幼龄幼虫的死亡率。及时伐除严重受害树,减少天牛虫源。将冬季修剪改为夏季修剪,提高杨树树皮温度、降低相对湿度,增加天牛幼龄幼虫的死亡率。栽植对光肩星天牛有显著招引作用的糖槭树作为保护行,减免杨树的受害。

(2)保护招引啄木鸟,被招引定居的斑啄木鸟,对光肩星天牛、黄斑星天牛、桑天牛等有明显的控制作用。

(3)胸径 6 cm 以下的幼树,幼虫主要在 2 m 以下的主干上为害,可用熏蒸法防治:每个排粪孔插入 1 根磷化锌毒签或 1/4 片磷化铝,用泥密封,防效可达 95% 以上。

(4)对于高大的杨树,由于幼虫为害部位较高,可用内吸剂注射法防治为害韧皮部的低龄幼虫。施药时间以9月中下旬最好,因为4月份幼虫大部分在木质部,7月间初孵幼虫取食树皮的死组织,8月底之前有部分卵尚未孵化,均不是防治的最佳时机。于树干基部打孔注射40%氧化乐果乳油,每株用原液7~13 ml,防效可达90%以上。

(5)对于虫株率15%以上的片林,除幼虫期进行防治外,还要进行成虫期的药剂防治。于6月中旬、7月上旬用绿色威雷、8%氯氰菊酯200~300倍液或25%西维因可湿性粉剂150~200倍液各喷树冠一次。

桑天牛

学名 *Apriona germari Hope*

别名 粒肩天牛

1.分布、寄主与为害

分布广泛。主要为害榆、柳、杨、刺槐、桑、朴、枫杨、苹果、梨、樱桃、无花果等;桑科植物受害最为严重,在桑、杨并存区也可严重为害杨树。

2.形态特征

成虫 黑色,全身密被棕黄色或青棕色绒毛;体长23~50 mm,体宽7~14 mm。触角雌虫较体略长,雄虫超出体长2节,柄节和梗节黑色,以后各节前半黑色,后半灰白。前胸近方形,背面有横皱,侧刺突基部及前胸侧片均有黑色光亮的隆起刻点。鞘翅基部黑色光亮的瘤状颗粒区占全翅1/4强;翅端缝角和缘角呈刺状突出。

卵 长椭圆形,长4~6 mm,前端较细,略弯曲,黄白色。

幼虫 圆筒形,乳黄色,老熟幼虫前胸背板的"凸"字形锈色硬化斑的前缘色深,后半部密布赤褐色片状刺突,中部刺突较大,向前伸展成3对纺锤状纹,呈放射状排列。

蛹 纺锤形,长约46 mm。

3.生物学特性

该虫2年1代,以幼虫在枝干内越冬。次年3、4月间大量蛀食为害,7月化蛹,7、8月成虫羽化。卵期7~14天。幼虫历期20~25个月,为害期达 13～16 个月。成虫羽化后常在蛹室内静伏 6～9 天,新成虫必须在补充营养寄主上取食才能繁殖;被啃食嫩枝皮层呈不规则条块状,伤疤边缘残留下绒毛状纤维。卵产在"U"字形刻槽内,每刻槽产卵 1 粒。以径粗 10～15 mm 产卵最多,约占 80%。幼虫在坑道内,每隔一定距离即向外咬一圆形排粪孔,排出红褐色虫粪和蛀屑,孔间距离自上而下逐渐增长。幼虫在蛀害期间多在下部排粪孔处,仅在越冬期内,由于坑道底部常有积水,始向上移动。老熟幼虫在化蛹之前咬锥形羽化孔后,回到坑道内选择适当位置作蛹室化蛹其中。

4.防治措施

(1)清除桑、构、朴树等桑天牛补充营养寄主,可有效免除此虫的危害。栽植苦楝、臭椿、泡桐、刺槐等桑天牛不亲和的树种作为以杨树造林时的隔离带。

(2)人工捕杀成虫。因成虫羽化后 10～15 天才开始产卵,白天不太活动,故易于捕杀。可在 6 月中旬后进行人工捕杀,应注意成虫盛发期的雨后出孔最多,可收到良好效果。

(3)药剂防治幼虫。春秋两季是药剂防治幼虫的关键时期。可用 50% 敌敌畏乳剂,或 90% 敌百虫 50 倍液,用兽医注射器将药剂注入新排粪孔;或用药棉浸渍上述药剂 5～10 倍液,塞入蛀洞内;亦可用 56% 磷化铝片剂,每一蛀洞内塞入一粒,然后用粘泥塞孔。数日后检查地面,如有新虫粪出现,应及时进行补治。

青杨枝天牛

学名 *Saperda populnea* Linnaeus
别名 青杨天牛,青杨楔天牛

1.分布、寄主与为害

分布广泛。主要为害杨、柳等,以幼虫蛀害枝干,被害部位形成纺锤状虫瘿,使枝梢干枯风折,主干畸型呈秃头状,严重影响幼树成林。

2.形态特征

成虫　体长 11～14 mm。黑色,密被金黄色绒毛,并杂有黑色长绒毛。触角柄节粗大、梗节最短,均黑色,鞭节各节基部2/3为灰白色,余为黑色。前胸无侧刺突,两侧各有1条金黄色宽纵带。鞘翅满布黑色粗点刻,并着生淡黄色短绒毛。两翅鞘各有金黄色绒毛斑4～5个。

3.生物学特性

该虫每年发生1代,以老熟幼虫在枝干的虫瘿内越冬。翌春越冬幼虫开始活动,3月上旬化蛹。蛹期17～32天。成虫3月下旬开始出现,5月幼虫孵出并蛀入枝干内为害,至10月上中旬开始越冬。羽化孔为圆形,直径约3.2 mm。成虫脱出比较集中,从脱出到结束历经6～11天;卵产于1～3年生的幼干和枝梢上。产卵前在枝干上咬一倒马蹄形刻槽,于木质部与韧皮部之间产卵1粒。卵期5～17天。幼虫最初蛀食边材和韧皮部,稍大围绕枝干环食,被害处逐渐形成纺锤状虫瘿,其蛀食的排出物堆集在坑道内,有时从刻槽的裂缝处被挤出。随虫体长大,幼虫渐向刻槽上方蛀入木质部。老熟幼虫在坑道内筑蛹室越冬。

4.防治措施

(1)选择肥沃的土地繁育和栽植杨树苗,注意杨树的肥水管理,提高杨树的抗虫性,可大大降低青杨天牛的为害。

(2)化学防治。在成虫羽化盛期,采用林间喷雾的方法喷洒菊酯类农药1 500倍液1～2次;在初孵幼虫开始为害时用高射程喷雾器将药液喷洒到为害部位毒杀初孵幼虫。

(3)生物防治。保护和招引啄木鸟,在林地内设立鸟笼招引啄木鸟定居。

楸 螟

学名 *Omphisa plagialis* Wileman

别名 楸蠹螟

1.分布、寄主与为害

分布广泛。寄主有楸树、梓树等。以幼虫钻入嫩枝蛀食髓部,受害处常成瘤状突起,易遭风折,致使幼树难以形成主梢,影响树干生长。

2.形态特征

成虫 体长 13～18 mm,翅展约 38 mm,体浅灰褐色,翅白色,前翅近外缘处有深赭色波状纹两条,翅中央近内侧有一近正方形的赭色大斑纹。翅基处有 1 条褐色短横线。后翅有赭色横线 3 条,中、外横线的位置与前翅的波状纹相连。

卵 椭圆形,红白色,长 1 mm 左右。

幼虫 老熟幼虫体长 13～16 mm,灰白色,前胸背板深褐色,分为两块。体节上背板处有两个赭褐色毛斑,气门上线和下线也有一个毛斑。

蛹 褐色,纺锤形。

3.生物学特性

该虫每年发生 2 代,以老熟幼虫在 1～2 年生被害枝条内越冬。翌年 3～4 月间化蛹,5 月上旬成虫羽化,白天静伏于叶背面,晚上活动。飞翔力强,远距离可达 250 m。具趋光性。雄性较雌性早出现 1～2 天。成虫寿命 2～8 天,雌性较雄性长 1～3 天。每雌虫产卵量 55～150 粒。卵历期 7～9 天,幼虫孵出后多在嫩梢距顶芽 5～10 cm 处蛀入。初孵幼虫在嫩梢内盘旋蛀食,向上向下危害。将嫩梢髓心蛀空。虫粪及木屑从蛀入孔排出。1 头幼虫蛀 1 个新梢,遇到风折时,再转枝为害。个别初孵幼虫蛀入叶柄为害,待叶枯萎时转入苗干下部为害。老熟幼虫在虫道下端咬一圆形羽化孔,并在其上方吐丝黏结木屑构筑蛹室,在此化蛹。

4.防治措施

(1)冬季剪除被害枝深埋或烧毁,消灭越冬幼虫。

(2)加强苗木出圃检查,禁止带虫苗木外运,以防传播。

(3)喷洒 20% 杀灭菊酯 1 500～2 000 倍液,或 2.5% 溴氰菊酯 3 000～5 000 倍液,或喷洒 50% 杀螟松、90% 敌百虫或敌敌畏 800～1 000 倍液,毒杀成虫和初孵化幼虫。

松梢螟

学名　*Dioryctria splendidella* Herrich‑Schaeffer

别名　钻心虫、松梢斑螟

1.分布、寄主与为害

桐柏松林普遍发生。为害马尾松、黑松、油松、赤松、黄山松,是松梢主要害虫之一。幼虫蛀食主梢,被害松树侧梢丛生,不能成材。侧梢可代替主梢生长,多次为害则树形弯曲,木材利用价值降低。该虫多发生在4~9年生、郁闭度小、生长不良的幼林。

2.形态特征

成虫　体长10~16 mm,翅展约24 mm;前翅灰褐色,翅面上有白色横纹4条,中室端有明显大白斑一个,后缘近横线内有黄斑。

卵　近圆形,长约0.8 mm,黄白色,近孵化时暗赤色。

幼虫　老熟时体长约25 mm,暗赤色,各体节上有成对明显的黑褐色毛瘤,其上各有白毛一根。

蛹　长约13 mm,黄褐色,腹末有波状锯齿,其上生有钩状臀棘3对。

3.生物学特性

该虫每年发生2代,以幼虫在枯梢内越冬,翌年3月底4月初活动,在被害梢内继续蛀食为害,一部分越冬幼虫迁移为害新梢,5月上旬幼虫老熟在被害树梢内化蛹,5月下旬成虫出现,成虫白天静伏,夜间活动,飞翔迅速,有趋光性,卵产在嫩梢针叶或叶鞘基部,也可产在当年被害梢内枯黄针叶上、被害球果以及树皮伤口上,卵散产卵期限约一周,初龄幼虫爬行迅速,寻找新梢为害,先啃咬梢皮,形成一个指头大小的疤痕,被咬啃处有松脂凝结,以后逐渐蛀入髓心,形成一条长15~30 cm的蛀道,蛀口圆形,有大量的蛀屑及粪便堆积。大多数为害直径8~10 mm的中央顶梢,6~10年生的幼树被害最重,成虫第二代出现在8月上旬~9月下旬,11月以后幼虫越冬。

4.防治措施

(1)被害严重的幼林,利用农闲组织群众剪除被害梢,集中烧毁,消灭越冬幼虫。

(2)合理密植,加强抚育,使林木提早郁闭,可以减轻为害。

(3)有条件的可释放赤眼蜂,消灭其卵。

(4)药剂防治。松梢螟发生严重时,5~8月,喷洒80%敌敌畏800倍液、50%辛硫磷2 000倍液。

微红梢斑螟

学名　*Dioryctria rubella* Hampson

别名　松梢螟

1.分布、寄主与为害

桐柏为零星分布。寄主为马尾松、油松、雪松等。以幼虫钻蛀主梢,引起侧梢丛生,树冠呈扫帚状,严重影响树木生长。幼虫蛀食球果影响种子产量,也可蛀食幼树枝干,造成幼树死亡。

2.形态特征

成虫　雌成虫体长10~16 mm,翅展26~30 mm;雄成虫略小,全体灰褐色。触角丝状,雄虫触角有细毛,基部有鳞片状突起。前翅灰褐色,有3条灰白色波状横带,后翅灰白色,无斑纹,足黑褐色。

卵　椭圆形,有光泽,长约0.8 mm,黄白色,将孵化时变为樱红色。

幼虫　体淡褐色,少数为淡绿色。头及前胸背板褐色,中、后胸及腹部各节有4对褐色毛片,背面的两对较小,呈梯形排列,侧面的两对较大。

蛹　黄褐色,体长11~15 mm。

3.生物学特性

该虫每年发生2代,以幼虫在被害梢的蛀道、受害球果内及枝干伤口皮下等处越冬。出现期分别为越冬代5月中旬至7月下旬,第一代8月上旬至9月下旬,第二代9月上旬至10月中旬,11月份幼虫开始越冬。各代成虫期较长,其生活史不整齐,有世代重叠现象。成虫羽化时,穿破堵塞在蛹室上端的薄网而出,蛹壳仍留在蛹室内,不外露。羽化多在11时左右,成虫白天静伏于树梢顶端的针叶茎部,19～21时飞翔活动,并取食补充营养。具趋光性。卵散产,产在被害梢针叶和凹槽处,每梢1～2粒,还有产在被害球果鳞脐或树皮伤疤处。卵期6～8天,成虫寿命3～5天。初产卵黄白色。幼虫5龄,初孵化幼虫迅速爬到旧虫道内隐蔽,取食旧虫道内的木屑等。4～5天脱皮1次,从旧虫道内爬出,吐丝下垂,有时随风飘荡,有时在植株上爬行。爬到主梢或侧梢进行为害,也有幼虫为害球果。为害时先啃食嫩皮,形成约指头大小的伤痕,被害处有松脂凝聚,以后蛀入髓心,从梢的近中部蛀入。蛀孔圆形,蛀孔外有蛀屑及粪便堆积。3龄幼虫有迁移习性,从原被害梢转移到新梢为害。所以在调查中往往发现不少被害梢内无虫的现象。越冬幼虫于4月初至中旬开始活动,继续蛀食为害,向下蛀到2年生枝条内,一部分转移到新梢为害。被害新梢呈钩状弯曲。老熟幼虫化蛹于被害梢虫道上端。化蛹前先咬1个羽化孔,在羽化孔下面做一蛹室,吐丝粘连木屑封闭孔口,并用丝织成网堵塞蛹室两端,幼虫在室内头部向上,静伏不动,2～3天后化蛹。蛹一般不动,遇惊扰即用腹节与虫道四壁摩擦向上移动。蛹期最长17～19天,最短10～12天,平均16天左右,羽化率90%以上。大多发生在郁闭度小、生长不良的4～10年生幼林。幼虫期的主要天敌有长足茧蜂,寄生率15%～20%。

4.防治措施

参照松梢螟的防治措施。

锈色粒肩天牛

学名　*Apriona sweinsoni*（Hope）

别名　国槐天牛、槐天牛

1.分布、寄主与为害

零星分布。寄主有国槐、黄檀、紫柳等。以幼虫于树皮下与木质部之间蛀虫道,成虫啃食幼嫩枝梢,均截断输导组织,致树木或枝梢枯死。无论对用材林或观赏林,都是一种危害性较严重的害虫。

2.形态特征

成虫　体长 30～41 mm,宽 7.8～11 mm。体栗褐色,被棕红色绒毛及白色绒毛斑。雌成虫触角与体等长,而雄成虫触角略长于体,基部 1～3 节和第 4 节基半部为暗棕褐色,其余各节为黑色。前胸背板中央有大型颗粒状瘤突,前后横沟中央各有 1 个白斑,侧刺突基部附近有 2～4 个白斑。小盾片舌状,基部有白色斑。鞘翅基部有黑褐色光亮的瘤状突起,翅面上有数十个白色绒毛斑。中足胫节具较深的斜沟。雌虫腹部末节 1/2 露出鞘翅外,腹板端部平截,背板中央凹入较深;雄虫腹部末节几乎不露出。背板中凹较浅。

卵　长椭圆形,黄白色。

幼虫　老熟幼虫扁圆筒形,黄白色,体长 42～60 mm,宽 12～15 mm,触角 3 节。前胸背板黄褐色,略呈长方形,其上密布棕色颗粒突起,中部两侧各有一斜向凹纹,胸腹部两侧各有 9 个黄棕色椭圆形气门。

蛹　纺锤形,体长 35～42 mm,黄褐色。

3.生物学特性

该虫 2 年完成 1 代。以幼虫在树皮下及木质部之间蛀虫道并在其内越冬。来年 3 月中下旬越冬幼虫开始活动。幼虫经 2 次越冬,于第 3 年 5 月中旬老熟化蛹,蛹期 25～30 天。6 月中旬成虫羽化破孔外出,啃食枝梢嫩皮,3～5 天后枝梢枯萎。雌成虫具假死和趋光性,不善飞翔,受震动极易落地。产卵以主干最多。卵期 11～15 天。7 月中旬幼虫孵化,初孵幼虫在皮层下钻蛀虫道,随幼虫体增大,虫道增粗,蛀入木质部后再向上蛀纵直虫道 15 cm 左右。大龄幼虫也常在皮层下蛀入孔的边材部分为害,形成不规则的片状虫道,历期约 22 个月。

4.防治措施

(1)调运中的带虫原木采用溴甲烷、56%磷化铝片剂熏蒸处理,用药量分别为 20～30 g/m^3 和 12～15 g/m^3,熏蒸 24 小时和 72 小时。

(2)4～10 月份幼虫活动期,于排粪孔处用棉球蘸取 40%氧化乐果乳油 5 倍液、50%敌敌畏 15 倍液塞孔处理或注射虫孔毒杀蛀道内幼虫;虫口密度大的单株,应及早伐除。

(3)在 7 月中旬和 8 月上旬,在干基部刮去表皮成环状带,用 40%

氧化乐果原液涂带,毒杀初孵幼虫。

家茸天牛

学名 *Trichoferus campestris* (Faldermann)

别名 家天牛

1.分布、寄主与为害

广泛分布。寄主为刺槐、杨、柳、榆等多种林木。以刺槐做椽木,危害较重,严重的常造成房倒屋塌。

2.形态特征

成虫 体长 11~17 mm,宽 3~6 mm。体褐色,全身密被黄色绒毛。雌虫触角短于体长,雄虫触角长于体长。前胸近球形,额中央有一浅纵沟。小盾片半圆形,灰黄色。

卵 长椭圆形,一头钝,另端尖,灰黄色。

幼虫 体长 22 mm,头部黑褐色,体黄白色,前胸背板前方骨化部分褐色,近前缘有一黄褐色横带,分为四段,后方非骨化部分呈白色,近"山"字形。胸足 3 对退化,呈针状。

蛹 浅黄褐色,触角自中足下部迂回,体长 13~17 mm。

3.生物学特性

该虫每年发生 1 代,以幼虫在被害枝干内过冬。来年 3 月恢复活动,在皮层下木质部钻蛀扁宽的虫道,并将碎屑排出孔外。幼虫为害至4月下旬,5月上旬开始化蛹,5月下旬至 6 月上旬成虫羽化,有趋光性,喜产卵于直径 3 cm 以上的椽材边缝内,以冬春季节采伐的枝干上最易着卵。未经剥皮或采伐后未充分干燥的木材亦可产卵。卵散产,卵期 10 天左右。幼虫孵化后,钻入韧皮部与木质部之间,蛀成不规则的虫道,为害至 11 月份过冬。

4.防治措施

(1)对于冬春季新采伐的木材,一定要进行剥皮或浸泡处理,或向树干上均匀地喷洒 37%巨无敌乳油 1 500~3 000 倍液,可有效杀死成虫和卵。

(2)彻底清除碎枝断梢,对未处理的可集中起来喷洒30%辛硫磷乳油1 500~3 000倍液,喷后用塑料薄膜封盖10~15天,效果较好。

旋木柄天牛

学名 *Aphrodisium sauteri* Matsushita

别名 推磨虫、台湾柄天牛

1.分布、寄主与为害

分布广泛,主要为害栓皮栎、麻栎。幼虫在边材凿成1条或多条螺旋形坑道,多为害栎类幼树主干,使树木遇风即折。

2.形态特征

成虫 墨绿色,有金属光泽,体长20~35 mm,体宽4~7 mm。头部具细密刻点,触角鞭状,紫蓝色,着生于两复眼之间,外端突出呈刺状。前胸背板长宽约等,前后缘有凹沟。鞘翅长条形,两端近于平行,翅面密被刻点,其上有3条略凸的暗色纵带。前足和中足腿节端部显著膨大,酱红色,呈梨状。后足胫节和第一跗节特别扁平而长。

卵 长椭圆形,长3~3.5 mm,橘黄色,后端稍浑圆。

幼虫 老熟幼虫体长36~49 mm,淡橘黄色。头部褐色,缩入前胸,细长扁圆形。前胸背板矩形,光滑,黄白色,中纵沟明显,前端有一个"凹"字形褐色斑纹。

蛹 乳白色,长20~36 mm,宽5~11 mm,腹部各节背面有褐色短刺排列"W"字形。

3.生物学特性

该虫2年发生1代,以幼虫在枝干虫道内越冬。次年5月上旬至6月下旬化蛹,6月下旬至7月下旬为成虫羽化期。刚羽化的成虫体软色淡,体壁变硬并呈紫罗兰色光泽,之后咬皮出孔。羽化孔椭圆形,成虫爬出后,在树干上来回爬行并抖动鞘翅。羽化后1~2天开始交尾,成虫可交尾10~12次,在雌虫产卵期仍可交尾,平均每雌虫产卵8~10粒。成虫飞翔能力强,寿命为12~16天。卵散产于树木枝干、皮缝或节疤间,产卵部位随树干粗度增大而升高。老熟幼虫化蛹前先用白色分泌物和细木屑堵塞羽化道,下端筑起长椭圆形蛹室。

4.防治措施

(1)加强营林措施。适地适树,选择适宜当地气候、土壤等条件的树种进行造林,营造混交林,避免单纯树种形成大面积人工林。

(2)保护、利用天敌。保护和招引啄木鸟,在天牛幼虫期可在林间释放姬蜂。

(3)药剂防治。①用化学药剂喷涂树干,常用药剂有 37%巨无敌乳油。②磷化铝毒丸堵填排粪孔,利用泥封口,也可用毒签插入排粪孔内。③打孔注药,可用 25%蛾蚜灵可湿性粉剂 2 倍水溶液在树干基部用打孔机打孔注药。

(4)生物防治。在成虫羽化前向树干树枝喷施"绿色微雷"200～300 倍液,药效良好。

云斑天牛

学名　*Batocera horsfieldi* Hope

别名　核桃大天牛、白条天牛

1.分布、寄主与为害

分布广泛。寄主有白蜡、核桃、苹果、梨等。成虫主要取食叶片和嫩枝表皮,幼虫蛀食皮层和木质部。核桃受害后,树势明显下降直至枯死,是核桃树的毁灭性害虫。

2.形态特征

成虫　体长 55～95 mm,黑褐色,密被灰绒毛;前胸背板有 1 对肾形白斑,小盾片白色;鞘翅基部密布黑色瘤状颗粒,鞘翅上有 2～3 行排列不规则的白色云片状斑。体两侧从复眼后方至腹部末端有 1 条白色纵带。

卵　长椭圆形,长 7～9 mm,弯曲略扁。初产时乳白色,后逐渐变为土黄色。

幼虫　体长 75～85 mm,黄白色,头扁平,半缩于胸部;前胸腹板橙黄色,上有黑色点刻,两侧白色,有一半月牙形的橙黄色斑块;后胸及腹部 1~7 节背面,由小刺突组成的骨化区呈偏"回"字形,腹面呈"口"字形。

蛹　长 37~88 mm,初为乳白色,后变黄褐色。

3.生物学特性

该虫 2 年发生 1 代,以成虫或幼虫在树干蛀道或蛹室内越冬。成虫于翌年 5 月下旬咬一圆形孔钻出。成虫白天在枝干上栖息,夜间取食当年生枝的嫩皮和叶片,为害 30~40 天后交尾产卵。成虫寿命最长可达 3 个月。卵多产在树干离地面 2 m 以内处。产卵时成虫先在树皮上咬成长形或椭圆形刻槽,然后将卵产于其中,一处只产 1 粒。卵经 9~17 天后孵化。幼虫孵化后,先在皮层下蛀成三角形蛀痕,幼虫入孔处有大量粪屑排出,树皮逐渐外胀纵裂,流出褐色树液。幼虫在边材危害一段时间后钻入心材,在虫道内过冬。翌年 8 月在虫道顶端做蛹室化蛹,9 月羽化为成虫,在蛹室内越冬。

4.防治措施

(1)利用成虫体形较大,受惊会落到地面且假死的特性进行人工捕捉,集中杀死。

(2)在树干根基部埋药,环施"克百威"颗粒剂,每株 50 g 左右,后覆土浇水。

(3)在幼虫蛀孔处,注射久效磷、敌敌畏原液或者插堵"磷化锌"毒签,后用黏土封堵蛀孔。树干上、枝杈处的蛀孔,要进行人工修剪。

(4)用锤击杀产卵痕,以杀死卵或初孵的幼虫。

松墨天牛

学名　*Monochamus alternatus* Hope

别名　松褐天牛、松天牛

1.分布、寄主与为害

零星分布。主要为害马尾松,为蛀干害虫,同时也是松材线虫的传播媒介。1 年发生 1 代,以 3、4 龄幼虫在树干木质部蛹室内越冬。翌年 4 月中、下旬开始化蛹,5 月上、中旬成虫开始羽化出孔,盛期为 6 月中、下旬;出孔成虫靠爬行与飞翔扩散,大都到树冠上部取食当年生至2年生枝皮进行补充营养,同时传播线虫。其后2～3周进行交配与产卵,产卵期6月上旬至9月上旬。成虫寿命30～110天,雌雄性比约为1:1。幼虫蛀食衰弱松树的内皮和边材,呈不规则的扁平坑道,后蛀入木质部,致使松树逐渐枯死;在松萎蔫病区,成虫常携带松材线虫,在取食健康松树幼枝时传播,引起松树枯萎,致使大片松树死亡,是松萎蔫病的主要传染媒介。

2.形态特征

成虫 体长14～33 mm,赤褐或暗褐色。前胸背板有2条橘黄色纵纹,两侧各具1刺状突起,小盾片密生橘黄色绒毛。鞘翅上各具5条方形或长方形黑斑与灰白绒毛斑相间组成的纵纹。

卵 长椭圆形,长4 mm,乳白色。

幼虫 体长25～33 mm,乳白色,头部黑褐色,前胸背板褐色,中央有波形横线。

蛹 长20～30 mm,白色略黄。

3.生物学特性

该虫每年发生1代,以老熟幼虫在坑道中越冬。4月初越冬幼虫在虫道末端蛹室中化蛹。5月中旬成虫羽化,此时虫道中成虫、蛹、幼虫同时存在。5月下旬成虫咬1个圆形羽化孔出树,取食幼枝嫩皮补充营养。成虫喜在疏林、光线充足的林地内活动产卵。产卵时,先在病树或衰弱树干或枝上,咬1个近圆锥形的产卵痕,每痕产卵1粒。5月下旬至7月为卵期。幼虫孵后蛀入皮下为害,晚秋蛀入木质部,虫道长扁圆形,老熟幼虫在虫道末端咬成宽大的蛹室,化蛹前以木屑堵塞蛀屑两头。蛹期半个月。

4.防治措施

(1)加强林地管理,对风折木、衰弱木和枯立木要及时伐除,并补植,保持林内密度。

(2)在5～6月间捕杀树干及大枝上的成虫。

(3)设置饵木诱其产卵,在8月幼虫尚未钻入木质部前剥去树皮,或喷85%甲胺磷、50%杀螟松乳油1 000倍液,杀灭幼虫。

桃红颈天牛

学名　*Aromia bungii* Faldermann

别名　红颈天牛、铁炮虫等

1.分布、寄主与为害

零星分布。寄主植物有桃、杏、李、樱桃、梅等果树及部分林木。以幼虫蛀食枝干的皮和木质相接处,长至 30 mm 以后蛀食木质部,向上向下蛀食,虫道纵横弯曲并塞满粪便,每隔一段距离蛀一通气排粪孔,有时由排粪孔内排出大量粪便,排粪孔排列的不规则,堆于树干基部。排粪孔处常有流胶出现。树干被害树势衰弱,严重时造成全株死亡。

2.形态特征

成虫　25～38 mm,体黑色有光泽。前胸棕红色,这是此虫的主要特征,故名"红颈天牛",但也有一些个体前胸是黑色的。前胸两侧各有一刺突,尖端锐利,背面有 4 个光滑的瘤状突起。雄虫触角比身体长约 1/2,雌虫触角仅比身体稍长。头、鞘翅及腹面有黑色光泽,触角、足有蓝色光泽。

卵　长椭圆形,乳白色,长约 3 mm。

幼虫　初龄时乳白色,老熟时黄白色。头小,黑褐色。前胸背板扁平呈方形,前缘中间有一棕褐色方形突起。

蛹　初为淡黄色,渐变为黄褐色,前胸两侧各有一个突起,腹部各节背面均有一横排刺毛。

3.生物学特性

该虫 2～3 年完成一代,以幼虫在虫道内过冬,每年 6、7 月出现成虫一次,成虫羽化后即在粗皮缝深入产卵,卵期约 10 天,孵化为幼虫,幼虫先在皮层蛀食为害,稍大后在韧皮部和木质部间蛀食,虫道纵横弯曲但不互相交叉。老幼虫蛀入木质部,2～3 龄幼虫在韧皮部和木质部间向下蛀食,老幼虫在木质部向上蛀食。幼虫期很长,据记载最长者达千余天,一般为 600～700 天,不同地区和寄主不同而有差异,同一地区、同一时期有各种龄期的幼虫。幼虫老熟后在虫道内做茧、化蛹,蛹期约 30 天。成虫羽化后在虫道内停留一段时间而后钻出,交配产卵。

4.防治措施

(1)熏杀幼虫。可用向蛀孔插毒签法,将磷化锌的毒签插入 3～5 cm,后泥封蛀孔;也可用投药法,用尖镊子投入 56%磷化铝片剂,每孔投 1/2～1/4 片;还可用注射法,用兽用针头,向虫孔内注射 80%敌敌畏乳油 50 倍液,每孔 5～6 ml 药剂,均需黏泥封塞虫孔。

(2)人工捕捉、诱杀成虫。成虫期在园内捕捉成虫杀死。可挂糖醋液诱杀。诱集液配比为酒、水、糖、醋、桃叶捣烂汁、溴氰菊酯 1:10:4:6:0.5:0.01。

(3)喷药环或刷枝干杀卵。成虫发生高峰期喷 50%杀螟硫磷乳油 800 倍液,或 50%对硫磷乳油 1 000 倍液,50%水硫胺磷 1 500 倍液,绕树干喷 1 圈,距地向上 2/3 m 范围,或用石灰硫磺混合剂(生石灰 10 份,硫磺 1 份,水 40 份)涂刷枝干。

橙斑白条天牛

学名 *Batocera davidis* deynolle
别名 油桐八星天牛、橙斑天牛等

1.分布、寄主与为害

广泛分布。幼虫钻蛀树干,使树势严重衰弱,直至整株死亡。成虫羽化后补充营养,啃食 1 年生的枝条皮,因养分不足,使果实早期脱落,影响产量。

2.形态特征

成虫 体长 50～70 mm,宽 15～20 mm,体棕褐色,被灰白色绒毛。触角端疤开放,各节生有棕褐色细毛,自第 3 节起各节内侧有多数纵行细齿,以第 3 节的最大;第 3～10 节各节末端内侧突起呈刺状,以第 9 节最大。头胸间有 1 圈金黄色绒毛。前胸刺突发达,背面有 2 个橙红色肾形大斑,小盾片白色。鞘翅基 1/4 区生许多疣状颗粒,肩刺向前方突出,多数个体的鞘翅上生有 12 个橙红色斑点,身体两侧自眼后起至尾端止有白色宽带。触角较体略长,鞭节内侧刺突不及雄虫发达。

卵　长椭圆形,略扁平,长 6～9 mm,宽 2～4 mm。

幼虫　老熟幼虫体最长可达 125 mm。体圆筒形,黄白色,体表密布黄色细毛,头部棕黑色。上颚强大,黑色。

蛹　初化蛹为黄白色,将羽化时为黑褐色。

3.生物学特性

该虫每 3～4 年发生 1 代,以成虫或幼虫在树干内越冬。来年 5 月下旬越冬成虫飞出,在嫩枝上啃食表皮,补充营养,形成环割状切断输导组织,使上部枝梢枯死。性成熟后交尾产卵,雌雄成虫均能多次交尾。卵历期 7～10 天,初孵幼虫在韧皮部与木质部之间蜿蜒蛀食。进入木质部取食,进入孔扁圆形,蛀道不规则,上下纵横,一般都是向下取食,切断树木输导组织。大幼虫往往爬出孔口在树皮下大面积取食边材,遇惊迅速退回洞中,排出的粪便、木屑充塞在树皮下,使树皮膨胀开裂。虫龄越大,排出的木屑越粗越长。幼虫老熟后于 7～9 月在木质部边材处筑蛹室化蛹。蛹期 60 天左右。9～10 月上旬羽化,成虫在蛹内越冬,来年羽化成虫咬一直径约 2 cm 的圆洞飞出。

4.防治措施

(1)严格对苗木、幼树以及原木实施检疫,防止害虫传播。

(2)加强林业措施,适地适树,营建隔离带,选择抗虫害品种。增强树势。

(3)注意保护益鸟,并补充天敌。

(4)在早春树木发芽期或树木落叶前用 30％高效氯氰菊酯 400～600 倍药泥或棉球堵塞虫洞;成虫出现补充营养期,向树冠上喷洒该药 4 000～6 000 倍液,均能取得理想的防治效果。

葡萄透翅蛾

学名　*Paranthrene regalis* Butler

别名　葡萄透羽蛾、葡萄钻心虫等

1.分布、寄主与为害

广泛分布。幼虫蛀食葡萄枝蔓。髓部蛀食后,被害部肿大,致使叶片发黄,果实脱落,被蛀食的茎蔓容易折断枯死。蛀枝口外常有呈条状的黏性虫粪。

2. 形态特征

成虫　体长 16～22 mm,翅展 36 mm 左右。全体黑褐色。头的前部及颈部黄色。触角紫黑色。后胸两侧黄色。前翅赤褐色,前缘及翅脉黑色。后翅透明。腹部有 3 条黄色横带,以第 4 节的 1 条最宽,第 6 节的次之,第 5 节的最细。雄蛾腹部末端左、右有长毛丛 1 束。

卵　椭圆形,略扁平。紫褐色。长约 1 mm。

幼虫　共 5 龄。老熟幼虫体长 40 mm 左右,全体略呈圆筒形。头部红褐色,胸腹部黄白色,老熟时带紫红色。前胸背板有倒"八"形纹,前方色淡。

蛹　体长 18 mm 左右,红褐色。圆筒形。腹部第 3～6 节背面有刺两行,第 7～8 节背面有刺 1 行,末节腹面有刺 1 列。

3. 生物学特性

该虫每年发生 1 代,以 7～8 月为害最重,10 月以幼虫在葡萄枝蔓中越冬。第二年春季,越冬幼虫在被害处的内侧咬一圆形羽化孔,然后在蛹室做茧化蛹。各地出蛾期先后不一。6 月上旬成虫开始羽化。成虫行动敏捷,飞翔力强,有趋光性,性比约为 1:1。雌蛾羽化当日即可交尾,翌日开始产卵,产卵前期 1～2 天。卵单粒产于葡萄嫩茎、叶柄及叶脉处,平均 43 粒,卵期约 10 天。初孵幼虫多从葡萄叶柄基部及叶节蛀入嫩茎,然后向下蛀食,转入粗枝后则多向上蛀食。葡萄多以直径约 0.5 cm 以上的枝条受害,较嫩枝受害常肿胀膨大,老枝受害则多枯死。特别是主枝受害,造成大量落果,严重影响产量。幼虫一般可转移 1～2 次,多在 7、8 月转移。在生长势弱、节间短及较细的枝条上转移次数较多。较高龄幼虫转入新枝后,常先在蛀孔下方蛀一较大的空腔,故受害枝极易折断和枯死。幼虫在危害期常将大量虫粪从蛀孔处排出。10 月以后,幼虫在被害枝蔓内越冬。

4. 防治措施

(1)结合冬季修剪将被害枝蔓剪除,以消灭越冬幼虫。剪除的枝蔓要及时处理完毕,不可久留。

(2)掌握成虫期和幼虫孵化期,喷50%杀螟松1 000~1 500倍,或结合其他葡萄害虫的防治喷800~1 000倍的敌敌畏或敌百虫。

(3)6~8月剪除被害枯梢和膨大嫩枝进行处理。大枝受害可直接注入50%敌敌畏500倍液,然后用黄泥封闭。

白杨透翅蛾

学名 *Parathrene tabaniformis Rottenberg*

别名 大透翅蛾

1.分布、寄主与为害

豫南山区为零星分布。为害各种杨树和柳树,尤以加杨、银白杨、小叶杨及旱柳受害严重;幼虫侵害苗木和幼树枝干、侧枝和顶梢,被害枝干形成瘤状虫瘿,造成枯萎、秃梢,易风折。为害状与青杨天牛的区别:虫瘿或隆起没有青杨天牛明显,不呈马蹄形,无"U"字形疤痕,蛹壳在6~7月露出羽化孔外。

2.形态特征

成虫 体长约20 mm,翅展22~38 mm,头半球形,下唇须基部黑色,密布黄绒毛,头和胸部之间有橙黄色鳞片围绕,头顶有一束黄褐色毛簇。胸部背面由青黑色而有光泽的鳞片覆盖。中、后胸肩板各有两簇橙黄色鳞片。前翅窄长,褐黑色,中室与后缘略透明。后翅全透明,腹部青黑色,有5条橙黄环带。雌蛾腹末有黄褐鳞片1束,两边各镶有1束橙黄色鳞片毛。

卵 椭圆形,黑色,有灰白色不规则多角形刻纹。长0.62~0.95 mm,短0.53~0.63 mm。

幼虫 体长30~33 mm,初龄幼虫淡黄色,老熟幼虫黄白色。臀节略骨化,背面有两个深褐色的刺,略向背上前方钩起。

蛹 体长12~23 mm,纺锤形,褐色。

3.生物学特性

该虫每年发生1代,以幼虫在坑道末端越冬。3、4月中旬越冬幼虫开始活动,5月上旬化蛹,下旬开始羽化,并交配产卵,初孵幼虫于6

月上旬始见侵入,下旬为侵入盛期。幼虫侵入茎干内蛀食,一直为害到10月中旬进入越冬。

成虫多集中在午前羽化,蛹体的2/3伸出孔外,腹面向上,蛹壳留在羽化孔处,经久不落。成虫白天活动,雌成虫的性引诱作用颇强,羽化当天即进行交配产卵。产卵时雌成虫在嫩梢或茎干上爬行,寻觅适当的着卵处,多产于叶腋、叶柄基部、孔口、树皮裂缝、枝条棱角基部、有绒毛枝条或叶片上,在叶片上的卵多产在叶脉上。卵期8～17天。初孵幼虫在枝干上爬行相当距离后才侵入,大多从组织幼嫩处蛀入。1年生幼苗,多从梢部叶腋或叶柄基部侵入,梢端或叶片枯萎常是已有幼虫侵入的标志。2、3年生苗木,还从顶芽及伤口、旧羽化孔、树皮裂缝等处侵入。初龄幼虫侵入后,先在韧皮部与木质部之间绕枝干蛀食,由于树液流动受阻,被害处逐渐形成瘤状虫瘿,幼树被害后易风折。幼虫经常向外清除虫粪和蛀屑,有时吐丝混合蛀屑封闭虫孔,侵入后通常不再转移。不及5龄的幼虫如其侵害部位枯萎或折断,或因枝干过细而不利于越冬时,能重新选择适宜部位再次转移侵入,这时新侵入孔处往往有新木屑。到9月下旬,幼虫在坑道末端以蛀屑将坑道封闭,吐丝做薄茧越冬。化蛹前吐丝封闭坑道口,并在坑道末端蛀蛹室结茧化蛹。蛹期14～26天。

4.防治措施

(1)选育抗虫树种。各地都有一些比较抗虫的树种,应积极引种繁育,选用抗虫性树种进行更替。

(2)严格进行苗木检疫。对调入或调出的杨柳苗木、插条等进行严格检验,把好起苗、割条以及苗木调入后剪条、栽插、定植等环节,及时剔除带虫瘿的栽植部位,防止传播。

(3)结合抚育,当发现蛀屑和虫瘿等幼虫蛀害症状时应即时用刀削除,压低虫口。

(4)夏秋季节,用50％敌敌畏乳油、50％杀螟松乳油涂抹幼虫侵入孔。在幼虫化蛹前用注射器在虫瘿上方约6 cm处注入1.6％敌敌畏乳剂,毒杀幼虫。幼虫化蛹时可用以上药液制作成毒泥,堵死羽化孔。

(5)利用白杨透翅蛾的性引诱剂200 mg剂量的诱芯,附加粘胶型诱扑器,挂于林内及林缘 1 m 左右高度,可诱捕 100～150 m 范围内的雄成虫,诱扑及监测效果良好。

榆木蠹蛾

学名　*Holcocerus vicarious* Walker
别名　柳干木蠹蛾、柳鸟蠹蛾

1.分布、寄主与为害

豫南山区零星分布。为害榆、柳、杨、刺槐、栎类、丁香、稠李、银杏、苹果、花椒、金银花等树种。

2.形态特征

成虫　中大型种类。雄体长 21～36 mm,翅展 50～69 mm。触角粗大,扁平,线状,伸达前翅前缘 1/2。下唇须紧贴额面,伸达触角基部。头顶毛丛、领片和翅基片暗灰色,中胸背板白色,近后缘有 1 条黑横带。翅底色较暗,前翅顶角钝圆,翅长为臀角处宽的 2 倍;前缘基部 2/3、中室及中室下方基部为煤黑色;端部暗灰褐色,中室末端横脉上有一个很明显的白斑;中室之后,1A 脉之前有一块土褐色区;翅端部有许多网状黑纹,亚外缘线很明显。后翅中室浅白色,余黑灰色,端部有细弱条纹,缘毛同前翅,后翅反面比正面稍浅,中室下角之外有 1 个暗斑,外半部细纹较正面明显。中足胫节 1 对距,后足胫节 2 对距,中距位于胫节端部 1/4 处。后足基跗节膨大,相当于 2～4 节总长,爪间突退化。雌虫个体较粗壮,体长 22～43 mm,翅展 66～89 mm。触角比雄虫细。翅长为臀角处宽的 2 倍,腹部末端有突出的产卵管。

卵　卵圆形,表面在纵行隆基间具横隔,初产卵乳白色,渐变为暗灰色。

幼虫　扁筒形,初孵幼虫体长 3 mm 左右,老龄幼虫体长可达 90mm,胴部背面鲜红色,腹面稍淡。头部黑色。腹足趾沟三序环状,臀足趾沟双序横带。初孵幼虫至老龄幼虫均为鲜红色。

3.生物学特性

该虫多数 2 年 1 代,少数 3 年 1 代或 1 年 1 代。成虫出现在 5 月中、下旬至9月下旬,1年中出现2个高峰,第一次在5月下旬至6月下旬,第二次在8月下旬至9月下旬。成虫昼夜均可羽化,但以晚间居多。趋光性强。羽化后当夜即可交尾产卵。卵产于树皮裂缝处,成堆或成块,每雌产卵135～945粒,卵期12～17天。6月中、下旬为幼虫孵化盛期,初孵化幼虫多群集取食蛹壳及树皮,2～3龄时分散寻觅伤口及树皮裂缝侵入,在韧皮部及边材为害,发育至5龄时,沿树干爬行到根部危害。10月中下旬绝大多数幼虫在根部韧皮部或老虫道内越冬,少数幼虫在枝干上越冬;翌年4月上旬越冬幼虫开始活动取食,至10月中下旬,末龄幼虫在土壤内深处的土质薄茧内越冬。第三年,老龄幼虫越冬后出茧重新做丝质土茧在其中化蛹。前蛹期9～15天。蛹期25～60天。老熟幼虫化蛹前胴部原有鲜红色素褪去,成为黄白色。

4.防治措施

(1)清除虫害木、衰弱木、枯死木,并及时进行灭虫处理以减少虫源和繁殖场所。

(2)化学防治。喷洒50%杀螟松或50%对硫磷乳油1 000～1 500倍液,40%乐果乳油100倍液,毒杀初孵幼虫。

(3)在幼虫初蛀入韧皮部或边材表层时,用40%乐果乳油与柴油混合液涂刷虫孔。

双棘长蠹

学名　*inoxylon anale* Lesne

1.分布、寄主与为害

豫南山区零星分布。双棘长蠹食性复杂,为害多种树木,主要为害柿树、国槐、无患子、海棠、栾树、合欢、白蜡、核桃等树木;受害主干、枝条多被风吹折断,严重影响高生长。树势弱则枝条受害重。

2.形态特征

成虫　圆柱形,体长4～5.8 mm,赤褐色。头密布颗粒,其前缘有小瘤一排;棕红色触角10节,末端3节单栉齿状;上颚粗而短、末端平截。前胸背板帽状盖住头部、短黄毛直立,前半部有齿状和颗粒状突起,后半部具刻点。鞘翅刻点密粗、被灰黄色细弧毛,后端急剧下倾的倾斜面黑色、粗糙,斜面合缝两侧 1 对刺突的基部下侧缘锯齿状。足棕红色,胫节和跗节均有黄毛;胫节外侧 1 齿列,端距钩形,中足距最长。中后胸及腹部腹面密布倒伏的灰白色细毛。腹部 5 节,第 6 节缩入腹腔,外露毛一撮。

卵　白色,卵形。

幼虫　乳白色,胸足仅前足较发达,胫节具密而长的棕色细毛。

蛹　白色,羽化前头部、前胸背板及鞘翅黄色,上颚赤褐色。

3.生物学特性

该虫 1 年发生 1 代,跨两个年头。以成虫在枝干的蛀孔内过冬,翌年 3 月中下旬恢复取食,补充营养。4 月中旬爬出坑道交尾,再返回坑道内产卵,每雌虫产卵 100 多粒。卵期 7 天,4 月中下旬始见幼虫,幼虫顺枝条纵向蛀食木质部,粪便排于坑道内。随着龄期增长,逐渐向皮层蛀食,枝干表皮出现孔洞。幼虫老熟在坑道内化蛹。5 月下旬至 6 月上中旬陆续化蛹,蛹期 6~7 天。6 月下旬起成虫羽化,成虫转移为害新枝,多选择 1~2 年生主干或侧枝(约占 90%)。成虫多在芽的上、下方蛀入,沿韧皮部环形取食,开凿母坑道,随即将蛀屑推出母坑道,母坑道绕树干(枝)一周。一头成虫可转蛀 2~3 个枝条。

4.防治措施

(1)实施产地检疫,发现带虫苗木,及时处置;严格实施调运检疫,严禁带虫的苗木、板材运出;对调入的苗木及林产品实施复检,切断传播途径,以切实保护林木和花卉苗木产业持续健康发展。

(2)药物防治。在成虫出坑交尾期,喷 80% 阿维菌素或 5% 多吡虫啉 1 000~1 500 倍液,可收到较好的效果。

(3)物理防治。10 月至次年 5 月中旬彻底清除折落的受害枝,并剪除树冠上的枯死枝,进行统一烧毁,以消灭越冬成虫。5~7 月是幼虫、新成虫群居蛀食枝干的活动时期,有大量白色粉状蛀屑集落在地表,此时采取剪枝法可有效减少虫口密度。

柳瘿蚊

学名 *Rhabdophaga salicis*（Schrank）

1.分布、寄主与为害

桐柏为零星分布。主要为害柳树,特别是对旱柳、垂柳为害严重。被害后树木枝干迅速加粗,呈纺锤形瘤状突起,俗称柳树癌瘤。

2.形态特征

成虫　形似蚊子。

卵　长椭圆形,橘红色,半透明。

幼虫　初孵时乳白色,半透明;成熟幼虫橘黄色,前端尖,腹部粗大,体长 4 mm 左右。

蛹　赤褐色。

3.生物学特性

柳瘿蚊每年发生 1 代,以成熟幼虫集中在危害部树皮中越冬。每年 3 月开始化蛹,3 月下旬至 4 月中旬羽化为成虫,4 月上旬为成虫羽化盛期,羽化时间在每日 9～10 时,气温高羽化就多,尤其在雨后晴天羽化量大,成虫羽化后的蛹皮密集在羽化孔上,极易被发现。羽化后的成虫很快交配产卵。卵大多产在原瘿瘤上旧的羽化孔里,深度在形成层与木质部之间,每卵孔内产卵几十粒到几百粒不等。初孵幼虫就近扩散为害,从嫩芽基部钻入枝干皮下,6 月下旬绝大部分幼虫蛀入韧皮部,取食韧皮部和形成层。

柳瘿蚊初次为害时,幼虫为害形成层的同时刺激了受害部位细胞畸形生长,枝干在被为害部位很快呈瘤状增粗变大,这时枝干开始出现轻度肿瘤;来年枝干上出现羽化孔后,成虫又在原羽化孔及其附近产卵,孵化后的幼虫又在瘿瘤周围的愈合组织继续为害,这样重复产卵,重复为害,引起新生组织不断增生,瘿瘤越来越大。被为害部位的枝干直径如果在 5 cm 以下,虫口密度又比较大,枝干生长很快衰弱,会在两三年内干枯死亡。

4.防治措施

(1)在冬季将受害部树皮铲下,或把瘿瘤锯下,集中烧毁。

(2)3月下旬用40%氧化乐果原液,兑水2倍涂刷瘿瘤部位,并用塑料薄膜包扎涂药部位,可彻底杀死幼虫、卵和成虫。

(3)春季在成虫羽化前用机油乳剂或废机油仔细涂刷瘿瘤及新侵害部位,可以杀死未羽化的老熟幼虫、蛹和羽化的成虫。

(4)5月用40%氧化乐果2倍液在树干根基打孔(孔径0.5~0.8 cm、深达木质部3 cm),用注射器注药1.5~2 ml,然后用烂泥封口,防止药液向外挥发,或刮皮涂药,毒杀瘿瘤内幼虫。

(5)5~6月在瘿瘤上钻2~3个孔(孔径0.5~0.8 cm、深入木质部3 cm),然后用40%乐果的3~5倍液向孔注射1~2 ml,然后用烂泥封口,防止药液向外挥发。

竹笋夜蛾

学名 *Oligia Vulgaris*(Butler)

别名 笋蛀虫

1.分布、寄主与为害

桐柏有零星分布。寄主有毛竹、淡竹、刚竹、哺鸡竹等竹类。幼虫取食竹笋,被害笋多不能成竹,少数成竹亦断头折梢,竹材干脆。被害严重竹林,笋的被害率近90%。

2.形态特征

成虫 体黄褐色,体长16~24 mm,翅展38~50 mm。前翅基部有一个大褐斑,基横线淡褐色,从褐斑中穿过,亚端区前缘有一个倒三角形大褐斑;内横线双线波浪形,淡褐色,环形纹及肾形纹与外横线之间有明显褐斑。后翅褐色,基部微黄。

卵 近圆形,灰白色,长约0.8 mm。

幼虫 共5龄,体长26~45 mm,体紫褐色,头橙红色且变异较大,其深浅度随龄期不同而有差异,龄期增加,体色变深。两侧有较宽的白色纵带,第5节前半段缺。

蛹 红褐色,长约 20 mm,腹部末端有 4 根臀棘。

3.生物学特性

该虫为每年 1 代,以卵在竹林地面的禾本科杂草枯叶及竹叶中越冬。翌年 3 月上中旬孵出幼虫,初孵幼虫先蛀食禾本科、莎草科等杂草,被害杂草出现枯心,幼虫在杂草中脱皮一次后不再发育。4 月下旬当竹笋出土时,幼虫即爬到笋上,蛀入笋尖小叶,洞口外有绿色碎屑堆积。3 龄幼虫蛀入笋内,啃食柔软部分。在遇到环境条件不适时,幼虫可转移到其他竹笋为害。竹笋被害后,表面失去光泽,内有蛀孔、虫粪,逐渐腐烂变臭。幼虫在笋内取食 18~25 天,5 月上、中旬老熟出笋,入疏松土中结茧化蛹,蛹很薄,外面包被一层土,蛹期 25 天左右。6 月中旬羽化为成虫,交配后产卵于禾本科杂草叶面边缘部,数十粒排成条状,杂草枯萎卷叶将卵裹于叶内越冬。

竹笋夜蛾的发生和当年的气候有关,如果在 2~3 月份,天气比较干旱,头墒笋少量破土,待气候条件适宜时,二墒笋才大量出土,这时正好遇到该虫的为害,再加上林内卫生状况恶化、抚育管理不及时、杂草丛生,所有这些都给该虫提供了适宜的条件和场所,造成该虫害的大量发生。

4.防治措施

(1)加强抚育管理,结合竹林抚育,清除林中转主寄主,合理施肥,提高竹林的免疫力。冬季进行劈山、削山、松土,可基本免除为害。

(2)挖除虫退笋。不能成竹的笋,易被虫害,及早挖除,可食用。

(3)加盖土层,在条件允许的条件下,8 月底至次年 2 月底,在竹林内覆盖一层 10~17 cm 深的土,既能促使竹林增产,又可杜绝其为害。

(4)6 月中下旬用黑光灯诱杀成虫,也能起到来一定的作用。

(5)出笋前后,可喷洒敌敌畏乳剂 1 500 倍液,连喷 2~3 次,效果显著。

竹笋泉蝇

学名 *Pegomya kiangsuensis* Fan

别名 笋实蝇、笋蛆

1.分布、寄主与为害

桐柏有零星分布。为害毛竹、淡竹、刚竹、桂竹、旱竹、石竹、苦竹等竹类。幼虫蛀食竹笋,使笋腐烂。在出笋期间常因其为害,造成大量的虫退笋。竹子的被害率可达 63%。

2.形态特征

成虫 体长约 6 mm,暗灰黄色,额带黑色,复眼紫褐色,单眼橙黄色,三角区为黑褐色。胸部背面有 3 条灰褐色纵带,翅透明,翅脉淡黄色。体两侧纵带呈断续状,并各着生有 1 列粗刺毛,每列 5 根。腹末端尖削,产卵管呈针状,黑褐色。中、后足腿节及胫节均为橙黄色,基节及跗节灰褐色。

卵 长圆筒形,乳白色,长约 1.5 mm,排列成块状。

幼虫 蛆型。体长约 10 mm,黄白色,头部尖细,末端呈截形。口器呈黑色钩状,老熟幼虫尾部变黑色。

蛹 深褐色,长约 8 mm。

3.生物学特性

该虫每年发生 1 代,以蛹在土中越冬。3 月中旬成虫开始羽化,3 月下旬至 4 月上旬为羽化盛期,以 6~10 时为最盛,羽化率达 38.8%。4 月上旬至下旬陆续产卵,喜产于竹笋刚出土 1~8 cm 的健壮笋箨间的内壁,每笋产卵数不等,少者 10 粒,多至 300 粒左右。由于成虫大量出现的时间与毛竹出笋盛期基本上相吻合,所以毛竹出笋盛期亦是卵盛期。卵经 4~5 天孵化,幼虫于 6~8 天后蛀入笋生长点。刚入笋时,与正常的健康笋区别不大,经 5~6 天为害后,被害特征明显,早晨笋尖部无露水,笋的高生长开始停止,经 10 天左右,笋组织发生腐烂。幼虫期 20~25 天。5 月中旬幼虫老熟,开始沿笋向上爬至顶部脱出落地,在笋周围 25 cm 土壤内化蛹越冬。

4.防治措施

(1)用糖醋或鱼肠、死蚯蚓、鲜竹笋等为饵料,用捕蝇笼诱捕。在产卵前期及后期以鱼肠等腥臭物为最佳。产卵盛期则以鲜笋肉来招诱成虫,诱效十分显著。试验证明,同时在饵料中加入少量农药,并不影响引诱力。

（2）及早挖除虫退笋,杀死幼虫,切去被害部分后可食用或供加工笋干。

（3）药剂除治。大面积的用材竹林用90%敌百虫或20%杀灭菊酯2 000倍液喷洒,出笋前喷1次,出笋后每星期喷1次,连喷2~3次,能起到杀虫保笋的良好作用。

（4）郁闭度大的竹林,在成虫出现期间,施放烟剂(敌马烟剂),每亩用量1 kg,杀虫率达90%以上。

（5）保护和利用天敌。据调查,竹笋泉蝇的天敌约15种,其中以蛹期的寄生蜂寄生率可达44.8%,卵期有红蜘蛛、蚂蚁、瓢虫、露尾甲等能捕食大量卵块。

第三章 叶部病虫害

第一节 病 害

枣锈病

1.症状

在豫南山区为零星分布。症状表现在叶上,有时在果上。枣叶多在中脉两侧、叶尖和基部出现病斑,严重时扩散至全叶。叶片发病初期,叶背出现散生淡绿色点,渐变成黄褐色突起小疱,此为病菌的夏孢子堆。后小疱表皮破裂散出黄色粉状物,为其夏孢子。与小疱对应的叶正面出现不规则褐斑。严重时,突起小疱布满全叶,甚至少量出现在果面、枣吊上,后期导致叶片大批干枯脱落,幼果不红即落,部分果虽能在树上变红,但单果重小,含糖量很低,食用价值降低。

2.病菌及发生规律

病菌为担子菌亚门冬孢菌纲锈菌目枣多层锈菌 *Phakopsora zizyphi - vulgaris*(P. Henn.)diet.。主要以夏孢子堆在病落叶上越冬,并为翌年初侵染最主要的来源(当地病落叶上的夏孢子堆)。越冬病叶及2~3年生枣枝上虽能查到冬孢子堆,但数量极少。冬孢子较夏孢子小,产生的担孢子极小。枣芽中可查到多年生菌丝。无转主寄主。夏孢子借风传播,可多次再传染。越冬后,夏孢子在3~33℃均可萌发,最适温为24℃。在华北平原北部枣区,夏孢子通常在6月下旬至7月上旬雨水多、湿度大时开始萌发并侵入叶片,7月中下旬开始发病并少量落叶,8月下旬大量落叶。该病的发生和流行与当年6~8月的降水次数及水量呈正相关,7~8月降水量少于150 mm发病轻,达到250 mm发病重,超过330 mm爆发成灾。一般雨季早、降水多、气温高的年份发病重,低洼地、行间郁闭的枣园比高燥坡岗地、行间通风良好的发病重。品种间抗病性有差异,一般沧州金丝小枣、赞皇大枣、灵宝大枣等较抗病,新郑灰枣次之,木枣、内黄扁核酸枣最感病。

3.防治措施

(1)晚秋或冬季清扫枣园落叶,集中烧毁。

(2)栽植不宜过密,合理修剪,疏除过密枝条,加强管理,增强抗病能力。

(3)枣粮间作时,近树冠处不宜种高秆作物。

(4)药剂防治。花后7～10天、7月上旬和8月初为防治最佳时期。于发病期前的6月下旬先用一次杀菌剂消灭病原,可选用70%甲基托布津800倍液、50%多菌灵800倍液;临近发病期可结合枣锈病防治,于7月中、下旬喷1次倍量式波尔多液200倍液;发病期的8月中旬左右,选用1 000万单位农用链霉素(每百万单位兑水6～8 kg)使用,并混入80%代森锰锌可湿性粉剂800倍液每10～15天喷1次。

桃缩叶病

1.症状

缩叶病在低温多湿条件下发生多,早春出现连阴天气,湿度较大,容易发生此病。气温在10～17℃时发病严重,温度增至21℃以上时,发病即减轻。缩叶病以为害叶片为主,严重时也侵害嫩梢、花和幼果。染病嫩叶初展时即有波纹症状,部分或全部皱缩扭曲,并随叶龄增长而加重。叶片沿叶缘向后翻卷,叶面凸凹不平,颜色紫红或鲜红,叶肉肥厚,质脆。后期叶面呈灰色,渐生白色粉状物质,最后叶片变褐,干枯脱落,落叶后因气温升高,一般不再发病。

2.防治措施

(1)药剂防治。掌握在花瓣露红时,喷洒一次波美2～3度的石硫合剂或1:1:100波尔多液,消灭树上越冬病菌的效果很好。也可喷洒45%石硫合剂500倍液、70%代森锰锌可湿性粉剂500倍液。

(2)加强管理。在病叶初见而未形成白粉状物之前及时摘除病叶,集中烧毁,可减少当年的越冬菌源。发病较重的桃树,由于叶片大量焦枯和脱落,应及时增施肥料,加强培育管理,促使树势恢复。

梨黑星病

1.症状

梨黑星病能够侵染梨树所有的绿色幼嫩组织,如叶片、叶柄、果实、果柄、芽、花序、新梢及一年生枝条等。其中以叶片和果实受害最重。该病从发芽开花至果实成熟阶段均可发生,有时在贮运期也会发生。该病的主要特点是受害部位产生墨绿色至黑色、有时呈灰色霉状物。病部初期变黄,后期枯死,病部组织不腐烂。

叶部发病首先在叶背叶脉两侧产生黑霉,最终黑霉可布满叶背面;正面先显黄斑,进而枯死,最终早期落叶。果实从幼果期至成果期均可发病,初期果面先呈黄斑,潮湿时长出黑霉,后来病斑枯死变黑,凹陷开裂。芽发病主要表现鳞片变黑,上生黑霉。严重时病芽枯死,轻病芽萌发为病梢—— 从基部往上逐渐产生黑霉,最后病梢枯死。

2.病菌及发生规律

病菌为子囊菌亚门真菌。病部黑霉即为该病的无性阶段——分生孢子及分生孢子梗。黑星病菌主要以菌丝在病芽中越冬。第二年4月下旬~5月上旬,病芽萌发,形成病梢,病梢上产生孢子,经风雨传播侵害幼叶、幼果,成为当年的主要初侵染来源。梨树幼叶易感病,老叶较抗病;幼果至成果均可感病,但果实越近成熟抗病能力越差。

3.防治措施

(1)清理果园。冬季修剪,及时清除落叶、病僵果、杂草、枯死枝等,集中烧毁,清除越冬菌源。在此基础上,同时进行冬翻和冬灌,以减轻梨黑星病为害程度。

(2)加强栽培管理。合理密植,合理修剪,防止结果部位外移,树势上强下弱,外强内弱,提高果实品质和减轻病菌为害。

(3)药剂防治。喷药要抓住两个关键时期:第一个时期是幼叶幼果期,目的是控制越冬病菌向幼叶幼果转移;第二个时期是果实近成熟期,保护果实不受侵染,降低果实的带菌率和发病率。对该病比较有效的药剂有70%代森锰锌1000倍液等。由于病菌产生抗药性,多菌灵、甲基托布津防治效果不太理想。

白粉病

许多经济林树种都有白粉病发生,比较常见的有苹果白粉病、梨白粉病、葡萄白粉病、板栗白粉病、核桃白粉病,榆、李、桃、樱桃、黄栌等阔叶树均有白粉病发生。

1.症状

白粉病主要为害叶片及嫩枝,主要特点是发病部位布满白色粉状物,后期有些白粉状物中可产生由黄色渐变黑色的小颗粒。病害不同,症状会有一些差异,如:梨白粉主要在叶背面;黄栌白粉、苹果白粉主要在叶正面;臭椿白粉、梨白粉小颗粒大而明显,核桃白粉颗粒小而不明显,苹果白粉的小颗粒仅在嫩枝上产生。白粉病发生后,叶变黄、扭曲、干枯、早落,枝条扭曲变形,最后枯死。

2.病菌及发生规律

白粉病病菌均属子囊菌亚门。病部白粉为其菌丝、分生孢子及分生孢子梗,黑色颗粒为其闭囊壳。

不同白粉病的病菌越冬方式也不同。梨白粉以子囊孢子在闭囊壳中越冬;苹果、杏树、蔷薇白粉以菌丝在病芽中越冬;发生在热带地区的橡胶白粉的分生孢子终年起作用。白粉病以气流传播为主,再侵染次数很多,属于流行性病害。白粉病菌喜湿但不耐水,在干旱年份潮湿的环境下发病重,多雨年份发病轻。

3.防治措施

(1)清除病菌。落叶后及时清除病叶、病枝;生长期及早摘除病梢、病叶,可降低田间菌量,减缓病情发展。

(2)未发病前要及时喷施药物进行预防。在早春植株萌动前,喷一次多菌灵可湿性粉剂600倍液,可杀死越冬病菌。植株展叶后,每隔半月喷施一次多菌灵可湿性粉剂1000倍液,连续3~4次,巩固预防效果。

(4)发病后要及时采取药物防治措施。在白粉病初发时可用15%的粉锈宁可湿性粉剂1 000倍液,每隔7～10天喷一次,喷药时先叶后枝干,连喷3～4次,可有效地控制病害发生。病情蔓延后,可喷40%多菌灵可湿性粉剂1 500倍液,或25%粉锈宁可湿性粉剂1 500倍液,连喷2～3次,每隔10～15天喷1次。上述药物交替使用,防治效果较显著。

核桃黑斑病

核桃黑斑病又称果实黑斑病、细菌性叶斑病、黑腐病等。该病发生较普遍,为害较严重,是核桃的重要病害,桐柏山区为零星发生。

1. 症状

该病主要为害果实和叶片,也为害嫩枝和花序。

果实受害时,果面先产生稍显隆起的近圆形褐色小软斑;扩大后,病斑变黑、凹陷,外围有水浸状晕圈。幼果期发病,导致全果变黑腐烂,早期脱落;近成熟期受害时,外果皮变黑腐烂,果仁出油率降低。

叶片受害时,先在叶脉分权处出现褐色小点,扩展后,病斑呈多角形,叶上病斑多时,全叶皱缩焦枯,早期脱落。

2. 病菌及发生规律

核桃黑斑病属于细菌病害。病菌主要在枝梢病斑中越冬,也可在芽内越冬。核桃发芽时,细菌从病斑中溢出,借风雨、昆虫传播,侵害叶、果、嫩枝;花器也可受害,花粉也可带菌。病菌可由气孔、皮孔、蜜腺及各种伤口侵入。核桃举肢蛾蛀食的伤口最易受病菌侵染,果实发病轻重往往与举肢蛾危害的轻重有直接关系。展叶期及开花期最易感染。此期的降雨多少对病情影响较大。

3. 防治措施

(1)加强苗期病害防治,在新栽植的地区,禁用病苗定植,加强栽培管理,保持树体健壮生长,提高抗病能力。

(2)发芽前,喷一次波美5度石硫合剂,减少侵染病源,兼治介壳虫等其他病虫害。

(3)清除病菌。结合修剪,剪除病枝梢及病果,及时捡拾落果,集中处理,降低果园菌量。

(4)喷药。展叶期、落花后及幼果期各喷药一次。药剂可用1:0.5:200倍波尔多液,或65%代森锌600倍液,或50~100 mg/kg农用链霉素等。

桃褐锈病

1.症状

桃褐锈病主要为害叶片,尤其是老叶及成长叶。叶正反两面均可受侵染,先侵染叶背,后侵染叶面。叶面染病产生红黄色圆形或近圆形病斑,边缘不清晰;背面染病产生稍隆起的褐色圆形小疱疹状斑,病叶表面破裂后散出黄褐色粉状物,后期变成黑褐色。严重时,叶片常枯黄脱落。该病菌具转主寄生特性,其转主寄主为毛茛科的白头翁和唐松草,二者也可受侵染,叶正反面均产生病斑。

2.防治措施

(1)清除初侵染源。结合冬季清园,认真清除落叶,铲除转主寄主,集中烧毁或深埋。

(2)生长季节结合防治桃褐腐病和黑星病喷药保护。

桃树叶斑病

1.症状

桃树叶斑病主要为害叶片,产生圆形或近圆形病斑,茶褐色,边缘红褐色,秋末出现黑色小粒点,最后病斑脱落形成穿孔。8~9月发生。核果穿孔叶点霉引起的叶斑病病斑圆形,茶褐色,后变为灰褐色,上生黑色小点,后期也形成穿孔。

2.病菌及发生规律

病菌为 *Phyllosticta persicae* Sacc(称桃叶点霉)和 *P. circumscissa* Cke.(称核果穿孔叶点霉),均属半知菌类真菌。前者分生孢子器生在寄主表皮下,球形至扁球形,大小60~120 gm,器壁膜质。分生孢子圆筒形至卵形,大小(8~12)μm×(3~5)μm。核果穿孔叶点霉分生孢子器散生。分生孢子椭圆形,大小(6~7)μm×(3.5~4)μm。此外 *P. prunigena* Grove. 也是该病病菌。

该病菌以菌丝体和分生孢子器在落叶上越冬。翌春产生分生孢子,借风雨传播进行初侵染和再侵染。秋季发病较多,降雨多或秋雨连绵时发病重。

3.防治措施

(1)精心养护,增强树势,可减少发病。

(2)发病初期喷洒75%甲基托布津可湿性粉剂800倍液或25%多菌灵1 000倍液。

桃褐斑穿孔病

1.症状

叶片染病,初生圆形或近圆形病斑,边缘紫色,略带环纹,大小1~4 mm;后期病斑上长出灰褐色霉状物,中部干枯脱落,形成穿孔,穿孔的边缘整齐,穿孔多时叶片脱落。新梢、果实染病,症状与叶片相似。

2.发病条件

低温多雨利于病害发生和流行。

3.防治措施

(1)加强桃园管理。桃园注意排水,增施有机肥,合理修剪,增强树冠间的通透性。

(2)药剂防治。落花后,喷洒70%代森锰锌可湿性粉剂500倍液、75%百菌清可湿性粉剂700~800倍液。

桃霉斑穿孔病

1.症状

桃霉斑穿孔病为害叶片、花果和枝梢。叶片染病,病斑初为圆形,紫色或紫红色,逐渐扩大为近圆形或不规则形,直径2~6 mm,后变为褐色,湿度大时,在叶背长出黑色霉状物。有时病叶脱落后才在叶上出现穿孔。花、果实染病,果斑小而圆,紫色,凸起后变粗糙,花梗染病,未开花即干枯脱落。新梢发病时,呈现暗褐色,具红色边缘的病斑,表面有流胶。较老的枝条上形成瘤状物。瘤为球状,占枝条四周面积1/4~3/4。较细的枝条,直径约 5 mm,较大的枝条直径可达 1 cm。

2. 发病条件

(1)降雨。叶片在 5、6 月发病,随着降雨量增多,病害在树冠内扩大蔓延。潮湿是病害发生的重要因子,病菌对枝条的侵染,至少要连续24 小时的潮湿才能侵染成功,潜育期 7~11 天。在一年当中,雨水多的时候就是病害出现高峰期。病害潜育期一般为 5~14 天。

(2)土壤。土壤条件对侵染无太大影响,但土内过度缺肥也会促使植株感病。

(3)生理。叶片上病斑的大小是不一致的,嫩叶上的病斑最大。

(4)品种。一般紧核桃品种较易感病,离核桃品种发病较轻。

3. 防治措施

(1)加强桃园管理,增强树势,提高树体抗病力。从增施有机肥入手,避免偏施氮肥,合理整形修剪。

(2)清除菌源。及时剪除病枝,彻底清除病叶,烧毁或深埋。桃树萌芽前,喷施 1 次 80%五氯酚钠 300 倍液。如需防治越冬害虫,可加进波美 3~5 度石硫合剂混合使用。喷药时间以桃芽鳞片膨大,但尚未露出绿色幼嫩组织时最好。

(3)于早春喷洒 50%甲基硫菌灵可湿性粉剂 500 倍液或 70%代森锰锌干悬粉 500 倍液、50%多菌灵可湿性粉剂 1 500 倍液、1:1:(100~160)倍式波尔多液。

桃细菌性穿孔病

1. 症状

(1)叶片。叶片发病时初为水渍状小斑点,扩大后成为圆形、多角形或不规则形,紫褐色至黑褐色斑点,直径 2 mm 左右,病斑周围呈水溃状并有黄绿晕环,以后病斑干枯,边缘发生一圈裂纹,容易脱落形成穿孔,或仅有一小部分与叶片相连。病斑多发生在叶脉两侧和边缘附近,有时数个斑融合形成一块大斑。病斑多早期脱落。

(2)果实。果实发病初期,果面上发生褐色小圆斑,稍凹陷,颜色变深,呈暗紫色,周缘水渍状。天气潮湿时,病斑上常出现黄白色黏质分泌物。干枯时往往发生裂纹。

(3)枝条。受害后,有两种不同形式的病斑,一种称为春季溃疡,另一种则为夏季溃疡。两者的大小和形状有很大差异。春季溃疡发生在上一年夏季发出的枝条上。春季,在第一批新叶出现时,枝条上形成暗褐色小疱疹,直径约 2 mm,以后可扩展长达 1~10 cm,但宽度多不超过枝条直径的一半,有时可造成梢枯现象。春末病斑的表皮破裂,病菌溢出并开始传播。夏季溃疡多在夏末发生在当年生的嫩枝上,最初以皮孔为中心,形成水渍状暗紫斑点。以后病斑变褐色至紫黑色,圆形或椭圆形,中心稍凹陷,边缘呈水渍状。

2.发病条件

该病发生与气候、树势、管理及品种有关。

(1)气候。温暖雨水频繁或多雾重雾季节,利于病菌侵染和繁殖,发病重。

(2)树势。树势强发病轻且晚;树势弱发病早且重。

(3)管理。果园低洼、排水不良,透光、通风差,偏施氮肥发病重。

(4)品种。一般早熟品种发病轻,晚熟品种发病重。

3.防治措施

(1)加强桃园管理,增强树势。桃园注意排水,增施有机肥,避免偏施氮肥,合理修剪,使桃园通风透光。

(2)清除越冬菌源,结合冬季修剪,剪除病枝,清除落叶,集中烧毁。

(3)喷药保护,发芽前喷波美 5 度石硫合剂或 45% 晶体石硫合剂 30 倍液或 1:1:100 倍式波尔多液、30% 绿得保胶悬剂 400~500 倍液。发芽后喷 72% 农用链霉素可溶性粉剂 3 000 倍液或硫酸链霉素 4 000 倍液。此外还可选用硫酸锌石灰液(硫酸锌 0.5 kg、消石灰 2 kg、水 120 kg),半个月一次,喷 2~3 次。

(4)避免与核果类果树混栽。在建桃园时,不仅要求树种纯,选择抗病品种,而且附近不要栽植李、杏、樱桃等其他核果类果树。

梨锈病

1.症状

(1)叶片受害。起初在叶正面发生橙黄色、有光泽的小斑点。后逐渐扩大为近圆形的病斑,病斑中部橙黄色,边缘淡黄色,最外面有一层黄绿色的晕,直径为 4～5 mm,大的可达 7～8 mm,表面密生橙黄色针头大的小粒点。天气潮湿时,其上溢出淡黄色黏液。黏液干燥后,小粒点变为黑色。病斑组织逐渐变肥厚,叶片背面隆起,正面微凹陷,在隆起部位长出灰黄色的毛状物。一个病斑上可产生十多条毛状物。后来先端破裂,散出黄褐色粉末。病斑以后逐渐变黑,叶片往往早期脱落。

(2)幼果受害。初期病斑大体与叶片上的相似。病部稍凹陷,病斑上密生初橙黄色后变黑色的小粒点。后期在同一病斑的表面,产生灰黄色毛状物。病果生长停滞,往往畸形早落。

(3)新梢、果梗与叶柄被害。病部呈橙黄色并膨大呈纺锤形,初期病斑上密生初橙黄色后变黑色的小粒点。后期在同一病斑的表面,产生灰黄色毛状物。最后,病部发黑发生龟裂。叶柄、果梗受害引起落叶、落果。新梢被害后病部以上常枯死,并易在刮风时折断。

(4)转主寄主桧柏染病。起初在针叶、叶腋或小枝上出现淡黄色斑点,后稍隆起。在被害后的翌年 3 月间,渐次突破表皮露出红褐色或咖啡色的圆锥形角状物,单生或数个聚生。在小枝上发病的部位,膨肿较显著。甚至在数年生的老枝上,有时也出现红褐色或咖啡色的圆锥形角状物,该部位膨肿更为显著。春雨后,病部吸水膨胀,成为橙黄色舌状胶质块,干燥时缩成表面有皱纹的污胶物。

2.病菌及发生规律

病菌属于担子菌纲锈菌目,仅有冬孢子、小孢子、性孢子和锈孢子四种类型的孢子,属于不完全型转主寄生锈菌,病菌以桧柏绿枝或鳞叶上菌瘿中的菌丝体越冬,第二年春季仍在桧柏上形成冬孢子并萌发产生小孢子。小孢子借风力传播到 3～10 km 外的梨树上萌发入侵,先后形成性孢子、锈孢子器与锈孢子。最后锈孢子又在秋季随风传回转主寄主桧柏上越冬。梨锈菌缺少夏孢子,因此不能发生再侵染,每年仅侵染一次。

病害的发生受条件尤其是湿度的影响大。每年梨树发病的早晚及严重程度与早春降雨的时间与数量有密切关系。病菌冬孢子萌发的最适温度为 17～20 ℃。风是传播病害必不可少的因素。

3. 发病条件

(1)桧柏的有无和距离。该病菌只有在既有梨又有桧柏的地方才能完成其生活史,才能造成病害。所以梨园周围有没有桧柏,就成为该病能否发生的决定条件。病菌的传播距离一般是 2.5～5 km,所以桧柏距果园的远近也决定着该病能不能发生。

(2)温度。低于 5 ℃ 或高于 30 ℃ 的温度条件下,该病不易发生。

(3)湿度。春季多雨潮湿,尤其是梨芽萌发后 30～40 天内多雨潮湿,该病发生较重。在此期间,有一次持续两天以上、降水量 15 mm 以上、相对湿度 90% 以上时,就有可能发病。

4. 防治措施

(1)消灭侵染来源。

砍除桧柏:彻底砍掉果园周围的桧柏,在梨的重点产区进行绿化时,不要使用桧柏。

控制桧柏上的病菌:在已有桧柏而又不能砍除的,在春雨前彻底剪除桧柏上的带菌枝条;在春雨前喷波美 1～2 度石硫合剂或 1:(1～2):(100～160)倍波尔多液。

(2)喷药保护梨树。粉锈宁对该病有特效,一般在 4 月中下旬喷 15% 粉锈宁乳油 1 000～1 500 倍液即可控制为害。其他如 0.3～0.5 度石硫合剂、40% 福美砷可湿性粉剂 1 500 倍液、50% 托布津可湿性粉剂 600～800 倍液等都有一定效果。

柿疯病

1.症状

病树春季发芽晚,生长迟缓,叶脉黑色、枝干木质部变为黑褐色,严重的扩及韧皮组织,致枝条丛生或直立徒长或枝枯、梢焦,结果少且果实提早变软后脱落,严重的不结果或整株枯死。

2.传播途径和发病条件

可通过嫁接或汁液接触及介体昆虫斑衣蜡蝉(*Lylorma delicatula* White)传染。在国内北纬21°~42°、东经102°~121°,年平均气温10.8~19.9℃的地区可见柿疯病典型症状,在一个地区不同品种、不同地块发病不同。

3.防治措施

(1)选用抗病品种或利用抗病砧木育种。

(2)加强栽培管理,提高树体抗病力。

(3)选用健树作砧木,嫁接无病接穗。

(4)必要时可向树体注入四环素类抗菌素剂。

柿角斑病

1.症状

主要为害叶片和果蒂,初在叶面现黄绿色至浅褐色不规则形病斑,病斑扩展后颜色加深,边缘由不明显至明显,后形成深褐色边缘黑色的多角形病斑,大小2~8 mm,上具小黑粒点。柿蒂染病多发生在蒂周围,褐色或深褐色,边缘明显或不明显,由蒂尖向内扩展,发病重的引致落叶和落果。

2.病菌及发生规律

病菌 *Cercospor kaki* Ell. et Ev. 称柿尾孢,属半知菌亚门真菌。分生孢子梗基部的菌丝集结成块,扁球形至半球形,深橄榄色,大小(17~50)μm×(22~66)μm,其上着生分生孢子梗,分生孢子梗短杆状,不分枝丛生,浅褐色,大小(7～23)μm×(3.3～5)μm,其上着生1个分生孢子。分生孢子棍棒状,稍弯曲或直上,上端略细,基部宽,浅黄色或无色,具0～8个隔膜,大小(15～77.5)μm×(2.5～5)μm。

以菌丝体在病叶或病蒂上越冬,翌年5～6月遇适宜湿度开始产出分生孢子,进行初侵染和再侵染。病蒂在树上可残留2、3年,病菌可在蒂内长期存活。因此病蒂是主要初侵染源和传病中心,在侵染循环中具重要作用。分生孢子借风雨传播,由叶背气孔侵入,潜育期25～38天。7～8月受害重,降雨多、树势衰弱发病重。

3. 防治措施

(1)清除挂在树上的病蒂。这是减少病菌来源的主要措施,只要彻底清除柿蒂,即可避免此病成灾。君迁子的蒂特别多,为避免其带病侵染柿树,应尽量避免柿树与君迁子混栽。

(2)喷药保护。喷药预防的关键时期在6月下旬至7月下旬,药剂可用1:(3～5):(300～600)的波尔多液,65%的代森锌可湿性粉剂500～600倍液,可有效地控制病害发生。

(3)加强栽培管理,提高树体抗病力。

柿炭疽病

1. 症状

主要为害新梢和果实,有时也侵染叶片。新梢染病,多发生在5月下旬至6月上旬,最初于表面产生黑色圆形小斑点,后变暗褐色,病斑扩大呈长椭圆形,中部稍凹陷并现褐色纵裂,其上产生黑色小粒点,即病菌分生孢子盘。天气潮湿时黑色病斑上涌出红色黏状物,即孢子团。病斑长10～20 mm,其下部木质部腐朽,病梢极易折断。当枝条上病斑大时,病斑以上枝条易枯死。果实染病,多发生在6月下旬至7月上旬,也可延续到采收期。果实染病,初在果面产生针头大小深褐色至黑色小斑点,后扩大为圆形或椭圆形,稍凹陷,外围呈黄褐色,直径5～25μm。中央密生灰色至黑色轮纹状排列的小粒点,遇雨或高湿时,溢出粉红色黏状物质。病斑常深入皮层以下,果内形成黑色硬块,一个病果上一般生 1~2 个病斑,多者数十个,常早期脱落。叶片染病,多发生于叶柄和叶脉,初黄褐色,后变为黑褐色至黑色,长条状或不规则形。

2. 病菌发生规律

病菌为 *Gloeosporium kaki* Hori, 称柿盘孢子菌,异名 *Colletotrichum gloeosporioides* Penz, 称盘长孢子状刺盘孢,均属半知菌亚门真菌。分生孢子梗无色、直立,具 1~3 个隔膜,大小 $(15\sim30)\mu m \times (3\sim4)\mu m$;分生孢子无色、单胞,圆筒形或长椭圆形,大小 $(15\sim28)\mu m \times (3.5\sim6.0)\mu m$,中央有一球状体。该菌发育温限 9~36 ℃,适温 25 ℃,致死温度 50 ℃经 10 分钟。

以菌丝体在枝梢病部或病果、叶痕及冬芽中越冬。翌夏产生分生孢子,借风雨、昆虫传播,从伤口侵入或直接侵入。伤口侵入潜育期 3~6 天;直接侵入潜育期 6~10 天。高温高湿利于发病,雨后气温升高或夏季多雨年份发病重。

3. 防治措施

(1)加强栽培管理,尤其是肥水管理,防止徒长枝产生。

(2)冬季结合修剪,彻底清园,剪除病枝梢,摘除病僵果;生长季节及时剪除病梢、摘除病果,减少再侵染菌源。

(3)采用无病苗木,栽植时用 1∶3∶80 倍式波尔多液或 20% 倍石灰乳浸苗,然后定植。

(4)发芽前喷洒波美 5 度石硫合剂或 45% 晶体石硫合剂 30 倍液,6 月上、中旬各喷一次 1∶5∶400 倍式波尔多液,7 月中旬及 8 月上、中旬各喷一次 1∶3∶300 倍式波尔多液或 70% 代森锰锌可湿性粉剂 400~500 倍液、50% 多菌灵可湿性粉剂 1 500 倍液。

柿圆斑病

1. 症状

柿圆斑病为常发病,造成早期落叶、柿果提早变红,主要为害叶片,也能为害柿蒂。叶片染病,初生圆形小斑点,叶面浅褐色,边缘不明显,后病斑转为深褐色,中部稍浅,外围边缘黑色,病叶在变红的过程中,病斑周围现出黄绿色晕环,病斑直径 1~7 mm,一般 2~3 mm,后期病斑上长出黑色小粒点,严重者仅 7~8 天病叶即变红脱落,留下柿果。后柿果亦逐渐转红变软,大量脱落。柿蒂染病,病斑圆形褐色,病斑小,发病时间较叶片晚。

2.病菌及发生规律

病菌 *Mycosphaerella nawae* Hiura et Ikata 称柿叶球腔菌,属子囊菌亚门真菌。病斑背面长出的小黑点即病菌的子囊腔,初埋生在叶表皮下,后顶端突破表皮。子囊果洋梨形或球形,黑褐色,顶端具孔口,大小 53~100 μm。子囊位于子囊果底部,圆筒状或香蕉形,无色,大小 $(24~45)\mu m×(4~8)\mu m$。子囊里含有 8 个子囊孢子,排列成两列,子囊孢子无色,双胞,纺锤形,具一隔膜,分隔处稍缢缩,大小 $(6~12)\mu m×(2.4~3.6)\mu m$。分生孢子在自然条件下一般不产生,但在培养基上易形成。分生孢子无色,圆筒形至长纺锤形,具隔膜 1~3 个,菌丝发育适温 20~25 ℃,最高 35 ℃,最低 10 ℃。病菌经未成熟的子囊果在病叶、落叶上越冬,翌年 6 月中下旬至 7 月上旬子囊果成熟,形成子囊孢子,借风传播,子囊孢子从气孔侵入,经 2~3 个多月潜育,于 8 月下旬至 9 月上旬显症,9 月下旬进入盛发期,病斑迅速增多,10 月上中旬引致落叶,病情扩展就此终止。圆斑病菌不产生无性孢子,每年只有 1 次侵染。

该病病菌越冬数量和病叶的多少影响到当年初侵染的情况及当年病害轻重。生产上,6~8 月降雨影响子囊果的成熟和孢子传播及发病程度。因此,上年病叶多,当年 6~8 月雨日多、降雨量大,该病易流行。此外,土壤瘠薄、肥料不足、树势弱的柿园,落叶多,发病重。

3.防治措施

(1)加强栽培管理,增施有机肥,改良土壤,合理修剪,雨后及时排水,促进树势健壮,增强抗病能力。

(2)及时喷药预防。一般掌握在 6 月上中旬,柿树落花后,子囊孢子大量飞散前,喷洒 1:5:500 波尔多液或 70% 代森锰锌可湿性粉剂 500 倍液、65% 代森锌可湿性粉剂 500 倍液、50% 多菌灵可湿性粉剂 600~800 倍液。

柿黑星病

1. 症状

主要为害叶、果和枝梢。叶片染病,初在叶脉上生黑色小点,后沿脉蔓延,扩大为多角或不定形,病斑漆黑色,周围色暗,中部灰色,湿度大时背面现出黑色霉层,即病菌分生孢子盘。枝梢染病,初生淡褐色斑,后扩大成纺锤形或椭圆形,略凹陷,严重的自此开裂呈溃疡状或折断。果实染病,病斑圆形或不规则形,稍硬化呈疮痂状,也可在病斑年裂开,病果易脱落。

2. 病菌及发生规律

病菌 *Fusicladium kaki* Horiet Yoshino,称柿黑星孢,属半知菌亚门真菌。分生孢子梗线形,十多根丛生,稍屈曲,暗色,具 1~2 个隔膜,大小(18~63)μm×(4~6)μm;分生孢子梗线 1~2 个分生孢子,长椭圆形或纺锤形,分生孢子褐色,具 1~2 个细胞,大小(12~32)μm×(4~6)μm。病菌以菌丝或分生孢子在新梢的病斑上,或病叶、病果上越冬。翌年,孢子萌发直接侵入,5 月间病菌形成菌丝后产生分生孢子进行再侵染,扩大蔓延。自然状态下不修剪的柿树发病重。

3. 防治措施

参见柿圆斑病的防治措施。

石榴黑斑病

1. 症状

目前仅见为害叶片。初期病斑在叶面为一针眼状小黑点,后不断扩大,发展成圆形至多角状不规则斑。后期病斑深褐色至黑褐色,边缘常呈黑线状。气候干燥时,病部中心区常呈灰褐色。一般情况下,叶面散生一至数个病斑,导致叶片提早枯落。

2. 病菌及发生规律

病菌为石榴生尾孢霉菌 *Cercospora punicae* P. Henn.,分类地位属

半亚菌亚门、丛梗孢目、暗梗孢科、尾孢菌属。病菌子实层生于叶面,成微细黑点散生。

病菌以分生孢子梗和分生孢子在叶片罹病组织上越冬,翌年 4 月中旬至 5 月上旬,越冬分生孢子或新生分孢子借风雨溅到石榴新梢叶上萌发出菌丝侵染,此后继行重复侵染。此病为害期一般在 7 月下旬至 8 月中旬,9～10 月,由于叶上病斑数量增多,病叶率增加,叶片早落现象明显,对花芽分化不利,是来年生理落果严重的原因之一。

3.防治措施

(1)结合冬季修剪和施肥,彻底清扫地面病残枝叶入坑作肥,减少菌源存量。

(2)5 月下旬至 7 月中旬,降水日多病害传播快,应及时防治。效果较好的药剂为 20% 多菌灵 500 倍液,中后期由 25% 代森锌 300 倍液喷雾保护,不易被雨水冲洗掉,保护效果良好。

松针褐斑病

分布比较普遍,为害马尾松、火炬松、湿地松、黑松,桐柏山区为零星分布。

1.症状

感病初期,针叶上产生 1.5～2 mm 圆形或近圆形褐色小斑点,后变褐色;2、3 个病斑连结可造成 3～4 mm 长的褐色段斑;数十天后在病斑中央产生黑色小点状的子实体,初埋生于针叶表皮下,成熟后黑色分生孢子堆突破表皮外露。当年生针叶感病后,多于次年 5～6 月枯死脱落。嫩叶感病时,针叶先端迅速枯死,不久在枯死部位产生黑色小点状的子实体。病害从树冠基部开始逐渐向上发展,最后使整株树枯死。

2.病菌及发生规律

病菌 *Mycosphaerella dearmesii* .,属子囊菌中的狄氏小球腔菌,病菌以菌丝、子实体及分生孢子在病叶上越冬,第二年 3 月下旬,病菌的分生孢子借雨水溅散或风雨传播,从针叶的伤口、气孔或直接穿透表皮细胞侵入。侵入后 7～12 天表现症状,病菌一年中可进行多次再侵染。

头年针叶4~5月为第一次发病高峰期,当年新梢针叶则延至5~6月才为发病高峰。7~8月份病害发展缓慢。9~10月又出现第二次发病高峰,但不如第一次发展迅速,11月后病害基本停止发展。降雨量和降雨日数是影响病害发展的重要因素之一,常年多雨的地区发病重。

3.防治措施

(1)严禁从疫区引进松苗、接穗,防止用病苗造林。

(2)造林时苗木根系用含有有效成分3%~5%多菌灵的泥浆沾根。避免大面积连片集中造林,以免造成连片迅速蔓延受灾。病害一旦发生,及时砍除重病树,剪除重病枝,然后喷洒杀菌剂,防止病害蔓延发展。

(3)对发病幼苗用500倍的25%多菌灵可湿性粉剂或70%甲基硫菌灵可湿性粉剂喷2~3次,可控制病情。

松落针病

分布比较普遍,为害各种松树,以幼中龄树受害最重。病害主要为害2年生针叶,轻则大部分脱落,影响生长,重则全部脱落,使树木死亡。桐柏山区为零星分布。

1.症状

发病初期,针叶上出现很小的黄斑点或段斑,至晚秋时变黄脱落。翌春,落叶上出现纤细黑色或褐色横线,将针叶分为若干段,在二横线间产生长0.2~0.5 mm的黑色或褐色长椭圆形或圆形小点,即病菌的分生孢子器。此后产生较大黑色或灰色椭圆形的突起粒点,长0.3~2.0 mm,有油漆光泽,中间有一条纵裂缝,即子囊盘。

2.病菌及发生规律

病菌是松针散斑壳菌 *Lophodermium pinastri* (Schrad) Cher,属子囊菌的星裂盘菌目。病菌多数种以菌丝和子囊盘在针叶上越冬,翌年3~4月在松针上产生大量分生孢子和子囊盘。遇雨或潮湿条件下,子囊盘和分生孢子器吸水膨胀张开放射出子囊孢子,它们借雨水反溅作用和气流传播,从气孔或微伤口侵入,潜育30~60天。一般侵染2年生针叶,后期可侵染当年针叶。一般无再次侵染。该病发生与气象因子、林龄和树木生长状况密切相关,当降雨量大、湿度高时,病害就严重,苗木生长弱也有利于病害发生和流行。

3. 防治措施

(1)苗圃地加强抚育管理,栽苗时剔除弱苗、病苗。

(2)营造针阔混交林,修除病枝,及时清除衰弱木、濒死木。

(3)在春夏子囊孢子散发高峰期之前喷洒 1∶1∶100 波尔多液,或50%退菌特 500～800 倍液,或 70%敌克松 500～800 倍液,或 65%代森锌 500 倍液,或 45%代森铵 200～300 倍液。

松针锈病

主要为害马尾松、火炬松、湿地松等的针叶,严重时可造成幼林大量松针脱落,影响松树的生长,发生比较普遍。桐柏山区为零星分布。

1. 症状

针叶上初期产生黄褐色至黑褐色小点,为病菌的性孢子器,随后产生一至数个相连的、橙黄色的、非常明显的囊状物,长 0.6～1.9 mm,宽 0.4～0.9 mm,此为病菌的繁殖体锈孢子器,成熟后破裂,散放出黄色粉状的孢子,针叶还残留白色膜状包被。

2. 病菌及发生规律

病菌是鞘锈菌 *Coleosporium solidaginies*.(Schw.) Thum.,属担子菌纲、锈菌目、栅锈科、鞘锈属。各种松针锈病的性孢子及锈孢子阶段在松针上,而夏孢子及冬孢子阶段生于相应的其他各种植物上。松针上每年 4 月形成性孢子器,5 月上、中旬产生锈孢子器。4～10 年生幼树发病重,树冠下部病害重于上部,杂草丛生的空旷地林木比林内树病重,多雨年份病重。

3. 防治措施

(1)造林时清除林地上的杂草,切断侵染循环。

(2)喷洒药剂。8 月中、下旬向松树上喷,6 月下旬向转主植物上喷,可用 15%粉锈宁 800 倍液或波美 0.3～0.5 度石硫合剂等。

泡桐炭疽病

1.症状

泡桐炭疽病主要为害叶片、叶柄和嫩梢。叶片受害初期,病斑为点状失绿,后扩大为褐色近圆形,周围呈黄绿色病斑,直径约 1 mm。后期病斑中间常破裂,病叶早落。在雨后或湿润时,病斑上常产生粉红色分生孢子堆或黑色小点。

2.病菌及发生规律

泡桐炭疽病是由半知亚门腔孢纲黑盘孢目炭疽菌属胶孢炭疽菌 *Colletotrichum gloeosporioides* Penz 所致,病菌在寄主病组织内越冬,成为下年的初次侵染源,在生长季节中可以反复侵染多次。一般在 5～6 月开始发病,7 月进入发病盛期。在苗木生长季节,高温多雨、排水不良、苗木通风透光不良、苗木生长较弱均有利于炭疽病的侵染和传播。

3.防治措施

(1)在选择苗床地时,应考虑选择距泡桐病株较远的地方;苗床地不宜连作,以减少初次侵染苗源,加强苗床的田间管理,苗床地四周开设排水沟,以降低苗床湿度。

(2)及时间苗、除草和追肥,促进苗木生长健壮,提高抗病力。

(3)幼苗出土后可喷洒波尔多液防治,在生长期内,可用65%代森锌 500 倍液或 25%多菌灵 500 倍液,每隔 15 天喷雾 1 次。

板栗白粉病

1.症状

主要为害苗木叶片及嫩梢,发生严重时常造成病叶早落,嫩梢枯死,影响板栗苗及幼树的生长。病叶上初生块状褪绿的不规则形病斑,后在叶背面或嫩枝表面形成白色粉状物,即病菌的菌丝及分生孢子。秋天在白色粉层中产生初为黄白色、后为黄褐色、最后变为黑色的小颗粒状物,即病菌的闭囊壳。幼芽、嫩叶受害严重时呈卷曲、枯焦状,不能伸展。嫩枝受害严重时可扭曲变形,最后枯死。

2.病菌及发生规律

病菌为榭球针壳菌 *Phyllactinia roboris* (Gachet.)Blum.。病菌的分生孢子单生于分生孢子梗顶端,倒卵圆形,$(5\sim12)\mu m\times(8\sim15)\mu m$。闭囊壳黑褐色,球形,直径 $140\sim270\ \mu m$,外生 $5\sim18$ 根球针状附属丝。内有近圆筒形至长卵形的子囊 $5\sim45$ 个。子囊大小为$(60\sim105)\mu m\times(25\sim40)\mu m$。子囊具略弯曲的柄,内含子囊孢子 2 个,少有 3 个。子囊孢子无色,单胞,椭圆形,$(25\sim45)\mu m\times(15\sim25)\mu m$。

另一种白粉菌中国叉丝壳菌 *Microsphaera sinensis* Yu,也能为害板栗,其白粉层多在叶正面,且较厚。其闭囊壳上的附属丝顶端为 2 叉状分枝 $3\sim5$ 次,闭囊壳较小,直径 $84\sim168\ \mu m$,不常见。

病菌以闭囊壳在病落叶上越冬,第二年春季释放子囊孢子,借风传播进行初次侵染。$4\sim5$ 月间发病后,产生分生孢子。分生孢子经风传播进行再侵染,一个生长季节可有多次再侵染,使病害不断蔓延扩展。病菌由气孔侵入寄主。温暖、干燥的气候条件有利于病害的发展。低氮、高钾以及硼、硅、铜、锰等微量元素对病害则有减轻作用。

3.防治措施

(1)彻底清除有病的枝梢和落叶并及时烧毁,深翻土壤,消灭越冬病源。

(2)合理施肥,不偏施氮肥,重病区适量增施磷钾肥,增加植株抗性。

(3)药剂防治。在 $4\sim6$ 月份发病期,喷波美 $0.2\sim0.3$ 度石硫合剂或 $1:1:100$ 倍波尔多液;70%的甲基托布津 $1\ 000$ 倍液;50%的多菌灵或退菌特可湿性粉剂 $800\sim1\ 000$ 倍液。

第二节　虫　害

食芽象甲

学名　*Scythropus yasumatsui* Kono et Morimoto
别名　小灰象甲、食芽象鼻虫、枣飞象、枣月象、太谷月象、尖嘴猴或土猴等

1.分布、寄主与为害

零星分布。以成虫为害枣树的嫩芽或幼叶,大量发生时期能吃光全树的嫩芽,迫使枣树重新复发,重新长出枣吊和枣叶,从而削弱树势,推迟生长发育,严重降低枣果的产量和品质。它除为害枣树外,还为害苹果、桑、棉、豆类和玉米等多种植物。

2.形态特征

成虫　体长4~5 mm,雄虫深灰色,雌虫土黄色,触角棒状,12节,着生在复眼前方,头和前胸背板有棕褐色细毛,翅鞘近长方形,末端稍尖,表面有纵走刻点。

卵　椭圆形,初产时乳白色,近孵化时深褐色。

幼虫　体长4~5 mm,体弯曲,各节多横皱,疏生细毛,身体乳白色,头淡褐色。

蛹　离蛹,体长4 mm,乳白色,近羽化时红褐色。

3.生物学特性

该虫每年发生1代,以幼虫在地下越冬。一般4月上旬化蛹。4月中下旬枣树萌芽时,成虫出土,群集树梢啃吃嫩芽,枣芽受害后尖端光秃,呈灰色。幼叶展开后,其成虫将叶片咬食成半圆形或缺刻。5月中旬气温较低时,该虫在中午前后为害最凶。成虫有假死性,早晨和晚上不活泼,隐藏在枣股基部或树杈处不动,受惊后则落地假死。白天气温较高时,成虫落至半空又飞起来,或落地后又飞起上树。成虫寿命为

70 天左右。4 月下旬至 5 月上旬,成虫交尾产卵。卵产在枣吊上或根部土壤内。5 月中旬开始孵化,幼虫落地入土,在土层内以植物根系为食,生长发育。

4.防治措施

(1)春季成虫出土前,在树干基部外半径为 1 m 的范围内的地下,浇灌 50%辛硫磷 150~200 倍液毒杀出土的成虫。

(2)成虫出土前,在树上绑一圈 20 cm 宽的塑料布,中间绑上浸有溴氰菊酯农药的草绳,阻止成虫上树为害并将其杀灭。

(3)阻杀下树入土老熟幼虫。5 月下旬,在老熟幼虫将要下树入土时,在树干上涂一圈 20 cm 宽使用过的机油,可阻杀幼虫入土。

(4)成虫上树为害后,利用成虫假死的特性,在早晨或晚上在树下铺一张塑料布,每天或隔天敲打树枝,将成虫震落到地面后予以人工消灭。

(5)药物防治。树上成虫成虫上树后,可用 50%的杀螟松 1 000 倍液、20%的速灭杀丁 2 000~2 500 倍液、功夫菊酯 2 000 倍液防治;或用 2.5%辛硫磷 1 500 倍液喷雾防治。

柿绒蚧

学名　*Eriococcus kaki kuwana*

别名　柿绵蚧、柿毡蚧、柿绒粉蚧

1.分布、寄主与为害

零星分布。为害柿、黑枣。若虫及雌成虫吸食柿叶、枝及果实汁液。

2.形态特征

成虫　雌体椭圆形,长约 1.3 mm,宽 1 mm 左右,紫红色,腹部边缘泌有细白弯曲的蜡毛状物,成熟时体背分泌出绒状白色蜡囊,长约 3 mm,宽 2 mm 左右,尾端凹陷。触角 4 节,3 对足小,胫节、跗节近等长。肛环发达,有成列孔及环毛 8 根。尾瓣粗锥状。雄体长约 1 mm,翅展 2 mm 左右,紫红色。翅污白色。腹末具 1 小性刺和长蜡丝 1 对。

卵　紫红色椭圆形,长 0.4 mm。

若虫　紫红色扁椭圆形,周缘生短刺状突。雄蛹壳椭圆形,长约 1 mm,宽 0.4 mm,扁平,由白色绵状物构成,体末有横裂缝将介壳分为上下两层。

3.生物学特性

该虫每年发生 4 代,以初龄若虫在 2～5 年生枝的皮缝中、柿蒂上越冬。5 月中下旬羽化交配,而后雌体背面形成卵囊并开始产卵在其内,虫体缩向前方,每雌产卵 50～170 粒,卵期 12～21 天。各代卵孵化盛期:1 代 6 月中上旬,2 代 7 月中旬,3 代 8 月中旬,4 代 9 月中下旬。前期为害嫩枝、叶,后期主要为害果实。第 3 代为害最重,致嫩枝呈现黑斑以至枯死,叶畸形早落,果实现黄绿小点,严重的凹陷变黑或木栓化,幼果易脱落。10 月中旬以第 4 代若虫转移到枝、柿蒂上越冬。主要靠接穗和苗木传播。

4.防治措施

(1)落叶后或发芽前喷洒波美 3～5 度石硫合剂或 45% 晶体石硫合剂 20～30 倍液、5% 柴油乳剂。

(2)在柿树发芽至开花前,掌握越冬若虫以离开越冬场所,但还未形成蜡壳前进行防治,可使用 20% 甲氰菊酯乳油 1 500 倍液、10% 吡虫啉可湿性粉剂 4 000 倍液、48% 乐斯本乳油 1 500 倍液等。

舞毒蛾

学名　*Lymantria dispar*(L.)

1.分布、寄主与为害

零星分布。能取食多种植物,其中以栎、杨、柳、榆受害最重,幼虫主要为害叶片,还可啃食果实。一般靠近山区的果园受害较重。

2.形态特征

成虫　雌雄异型。雌体前翅黄白色,各横线黑褐色锯齿形;横脉纹呈明显的"<"形;中室中央有 1 个黑褐色点,外缘与脉间有 1 列黑褐色点。腹部肥大,末端有较大的黄色毛丛。雄体全体暗黄褐色。前翅各

横线锯齿形;中室中央有 1 个黑点;横脉纹不如雌蛾明显,其他特征同雌蛾。

卵 圆形,直径约 1 mm;褐色,数百粒甚至上千粒粘在一起,上附雌蛾腹末的黄色茸毛。

幼虫 老熟幼虫体长 52~68 mm,头部黄褐色,具黑色"八"字形纹。腹部褐色,背线灰黄色,各节于亚背线、气门上线和气门下线处均有毛瘤,每节计 6 个;亚背线处前 5 对毛瘤与体同色,后 7 对毛瘤红色,其上刚毛灰褐色较长。

蛹 体长 18~30 mm,红褐至黑褐色,披黄褐色毛丛。

3.生物学特性

该虫每年发生 1 代,已完成胚胎发育的幼虫在卵内越冬。翌年 4 月下旬或 5 月上旬幼虫陆续孵化,孵化的早晚同卵块所在地点的温暖程度有关,幼虫孵化后群集在原卵块上,气温转暖时上树取食幼芽,以后蚕食叶片。1 龄幼虫能借助风力及自体上的"风帆"飘移很远。2 龄以后日间潜伏在落叶及树上的枯叶内或树皮缝内,黄昏后出来为害。幼龄幼虫受惊扰后吐丝下垂,随风在林中扩散。后期幼虫食叶量大,有较强的爬行转移为害能力,能吃光老、嫩树叶。

4.防治措施

(1)舞毒蛾卵期很长,摘卵、刮卵块是常用的措施之一。

(2)灯光诱杀。利用成虫趋光性,设置黑光灯诱杀灭虫。

(3)幼虫发生期,利用其昼伏夜出上、下树习性,于树干胸高处涂1:20的阿维菌素机油药环,环宽略小于直径,或绑菊酯类毒绳。幼树用1%阿维菌素类 4 000 倍液或 1.2%苦烟碱乳油 3 000 倍液喷雾防治。

国槐尺蠖

学名 *Sem iothisa cinerearia* Bremer et Grey

别名 吊死鬼

1.分布、寄主与为害

零星分布。主要为害槐树,为城市绿化树种的重要食叶害虫之一。

幼虫主要取食国槐的叶片,暴发性强,食量大,如不及时发现和防治,会在较短时间内将树叶吃光,造成较为严重的后果。

2.形态特征

成虫 雄虫体长 13～15 mm,翅展 30～40 mm。雌虫体长 8～16 mm,翅展 28～43 mm。体灰黄褐色,雌雄相似。触角丝状,长度约为前翅的 2/3。复眼圆形,其上有黑褐色斑点。口器发达,下唇须长卵形,突出于头部。前翅亚基线及中线浓褐色,在靠近前缘处均向外缘急弯成一锐角;亚外缘线黑褐色,由紧密排列的三列黑褐色长形块斑组成,在 M1、M3 间消失,在前缘处成单一褐色三角形斑块,在其外侧近顶角处有一长方形褐色斑块。顶角黄褐色,其下方有一深色的三角形斑纹。后翅亚基线不明显;中线及亚外缘线均呈弧状,浓褐色,展翅时与前翅的中线和亚外缘线相接,构成一完整的曲线。中室外缘有一黑色斑点。外缘呈明显的锯齿状缺刻。足色与体色相同,但其上杂有黑色斑点。前足胫节短小,长度约为腿节的 1/2,无距,内侧有明显长毛;中足胫节与腿节长度相等,具二端距,外侧端距为内侧端距长度的 1/2;后足胫节则比腿节长 1/3,除端距外,胫节前端 1/3 处具距二枚,外侧者亦比内侧短小。雄虫后足胫节最宽处较腿节大 1.5 倍,其基部与腿节约等;雌虫后足胫节最宽处与腿节约等,但其基部显著小于腿节。

卵 钝椭圆形,长 0.67～0.85 mm,宽 0.42～0.48 mm,一端较平截。初产时绿色,后渐变为暗红色以至灰黑色。卵壳透明,白色,密布蜂窝状小凹陷。

幼虫 初孵时黄褐色;取食后为绿色,2～5 龄幼虫均为绿色。部分个体各体节前侧两面有黑褐色的条状或圆形的斑块。老熟幼虫 20～40 mm,体背变为紫红色。

蛹 雄蛹体长 5.6～16.3 mm;雌蛹体长 16.5～5.8 mm。初期为粉绿色,渐变为紫色。臀棘具钩刺两枚,其长度约为臀棘全长的 1/2弱,雄蛹两钩刺平行,雌蛹两钩刺向外呈分叉状。

3.生物学特性

该虫每年发生 3 代,以蛹在土内越冬。在来年 4 月中旬羽化。第 1 代幼虫始见于 5 月中旬。各代幼虫为害盛期分别为 5 月下旬、7 月中旬及 8 月下旬至 9 月上旬。各代化蛹盛期分别为 5 月下旬至 6 月,7 月中、下旬及 8 月下旬至 9 月上旬。10 月上旬仍有少量幼虫入土化蛹越冬。

卵散产于叶片、叶柄和小枝上,以树冠南面最多,产卵活动多在每日的 19 时至零时之间,同一雌蛾所产的卵孵化整齐,孵化率在 90% 以上。卵最初为绿色,承受着胚胎的发育而渐变为暗红色,杂有灰白色的斑纹,最后变为灰白色,围绕卵壳的周边,可清晰地看到一条黑色的斑纹,卵的中部明显凹陷。这种卵即可于当日或次日黄昏时孵化。孵化也大多位于卵较平截一端的侧面,孔口不整齐,其大小等于卵较平截一端的全宽。

幼虫能吐丝下垂,随风飘散,或借助胸足和两对腹足的攀附,在树上作弓形的运动;老熟幼虫已完全失去吐丝能力,能沿树干向下爬行,或直接自树冠掉落地面,全身紧贴地面蠕动。幼虫体背出现紫红色,表示幼虫完全老熟。大多于白天离树,到土壤中化蛹。化蛹场所大多位于树冠垂直投影范围内,以树冠的东南面最多。成虫多于傍晚时羽化,羽化后当天即可进行交尾,雌虫大多只交尾一次,个别可进行 2 次,交尾时间多在夜间。成虫的产卵量与补充营养有关,则羽化的成虫,有 35% 左右的卵已发育成熟,即使不给任何食物,这些卵也可以顺利产出,以清水、蜂蜜、白糖水喂饲,产卵量和寿命比绝食者增加 1.5～3 倍。每一雌虫的产卵量为 26～1 519 粒,平均为 420 粒。成虫寿命依气温而异,雄虫为 2.5～19 天,雌虫为 2.5～17 天。第 3 代蛹全部进入滞育,即使放在人工的适温下,蛹也不发育。在 6 ℃ 低温,经 54 天后,再放在人工适温下,蛹才发育羽化。

4. 防治措施

(1)人工挖蛹,幼龄幼虫期,可摇晃树干,使幼虫吐丝下垂,进行人工捕杀。

(2)幼虫发生期喷布 40% 的久效磷 1 500 倍液,或 2.5% 的溴氰菊酯乳油 2 000 倍液、50% 的辛硫磷乳油 1 000 倍液毒杀。

(3)幼虫 1～3 龄期,用灭幼脲三号 2 000～3 000 倍液喷雾。

针叶小爪螨

学名 *Oligonychus ununguis*(Tacobi)

别名 栗红蜘蛛、板栗小爪螨

1.分布、寄主与为害

在桐柏栗园广泛分布。寄主有板栗、锥栗、麻栎等树种。是为害栗树叶片的主要害螨。针叶小爪螨以幼、若螨及成螨刺吸叶片。栗树叶片受害后呈现苍白色小斑点，斑点尤其集中在叶脉两侧，严重时叶色苍黄，焦枯死亡，树势衰弱，栗实瘦小，严重影响栗树生长与栗实产量。

2.形态特征

成螨 雌成螨体长 0.49 mm，宽 0.32 mm，椭圆形。背部隆起，背毛 26 根，具绒毛，末端尖细。各足爪间突呈爪状。腹基侧具 5 对针状毛。夏型成螨前足体浅绿褐色，后半体深绿褐色，产冬卵的雌成螨红褐色。雄成螨体长 0.33 mm，宽 0.18 mm，体瘦小，绿褐色。后足体及体末端逐渐尖瘦，第 1、4 对足超过体长。

幼螨 足 3 对。冬卵初孵幼螨红色；夏卵初孵幼螨乳白色，取食后渐变为褐色至绿褐色。

若螨 足 4 对。体绿褐色，形似成螨。

卵 扁圆形。冬卵暗红色，夏卵乳黄色。卵顶有一根白色丝毛，并以毛基部为中心向四周形成放射刻纹。

3.生物学特性

针叶小爪螨每年发生 5~9 代，以卵在 1~4 年生枝条上越冬，多分布于叶痕、粗皮缝隙及分枝处，以 2~3 年生枝条上最多。越冬卵每年于 5 月上旬开始孵化，至 5 月下旬基本孵化完毕，孵化期相当集中。第一代幼螨孵化后爬至新梢基部小叶片正面聚集为害，活动能力较差。以后各代随新梢生长和种群数量的不断增加，为害部位逐渐上移。第二代发生期在 5 月中旬至 7 月上旬，第三代发生期在 6 月上旬至 8 月上旬。从第三代开始出现世代重叠。针叶小爪螨在板栗树上的种群动态：每年 5 月下旬由于第一代成螨逐渐死亡，新卵尚未大量孵化，种群数量暂时处于下降阶段。从 6 月上旬起,种群数量开始上升,至 7 月 10 日前后形成全年的发生高峰,高峰期可维持至 7 月下旬,8 月上旬种群数陡然下降。在田间于 6 月下旬始见越冬卵,8 月上旬为越冬卵盛发期,9 月上旬结束。

成螨在叶片正面为害,多集中在叶片的凹陷处拉丝、产卵。雌成螨寿命 15 天左右,雄成螨寿命 1.5~2.0 天。夏卵卵期 8~15 天。适宜的发育气温为 16.8~26.8 ℃。夏季高温干旱利于种群增长,并可造成严重为害。由于针叶小爪螨多在叶正面活动,阴雨连绵、暴风雨可以使种群数量显著下降。天敌也是控制该螨种群增长的主要因子。

4.防治措施

(1)药剂涂干。针叶小爪螨越冬卵孵化期与栗树的物候期较为一致。当板栗树开始展叶抽梢时,越冬卵即开始孵化。此期可使用 40% 乐果或氧化乐果乳油 5~10 倍液涂干,效果较好。涂药方法为:在树干基部选择较平整部位,用刮皮刀把树皮刮去,环带宽 15~20 cm,刮除老皮略见青皮为止,不能刮到木质部,否则易产生药害。刮好后即可涂药,涂药后用塑料膜包扎。为防止产生药害,药液浓度要控制在 10% 以下。药液有效成分 6.7% 时,对针叶小爪螨的有效控制期可达 40 天,对栗树安全无药害。

(2)药剂防治。在 5 月下旬至 6 月上旬,往树上喷洒选择性杀螨剂 20% 螨死净悬浮剂 3 000 倍液、5% 尼索朗乳油 2 000 倍液,全年喷药 1 次,就可控制为害。在夏季螨活动发生高峰期,也可喷洒 20% 三氯杀螨醇乳油 1 500 倍液,对活动螨有较好的防治效果。

(3)保护天敌。栗园天敌种类较多,常见的有草蛉、食螨瓢虫、蓟马、小黑花蝽及多种捕食螨,应注意保护利用。

葡萄天蛾

学名 *Arnpelophaga rubiginosa*

1.分布、寄主与为害

广泛分布于桐柏葡萄园。以幼虫食害叶片,低龄食成缺刻与孔洞,稍大便将叶片食尽,残留部分粗脉和叶柄,严重时可将叶吃光。

2.形态特征

成虫　为大型蛾子,体长 45 mm 左右、翅展 90 mm 左右,体肥大呈纺锤形,体翅茶褐色,背面色暗,腹面色淡,近土黄色。体背中央自前胸到腹端有 1 条灰白色纵线,复眼后至前翅基部有 1 条灰白色较宽的纵线。复眼球形,较大,暗褐色。触角短栉齿状,背侧灰白色。前翅各横线均为暗茶褐色,中横线较宽,内横线次之,外横线较细呈波纹状,前缘近顶角处有一暗色三角形斑,斑下接亚外缘线,亚外缘线呈波状,较外横线宽。后翅周缘棕褐色,中间大部分为黑褐色,缘毛色稍红。翅中部和外部各有 1 条暗茶褐色横线,翅展时前、后翅两线相接,外侧略呈波纹状。

卵　球形,直径 1.5 mm 左右,表面光滑。淡绿色,孵化前淡黄绿色。

幼虫　老熟时体长 80 mm 左右,绿色,背面色较淡。体表布有横条纹和黄色颗粒状小点。头部有两对近于平行的黄白色纵线,分别于蜕裂线两侧和触角之上,均达头顶。胸足红褐色,基部外侧黑色,端部外侧白色,基部上方各有一黄色斑点。前、中胸较细小,后胸和第 1 腹节较粗大。第 8 腹节背面中央具一锥状尾角。胴部背面两侧(亚背线处)有 1 条纵线,第 2 腹节以前黄白色,其后白色,止于尾角两侧,前端与头部颊区纵线相接。中胸至第 7 腹节两侧各有 1 条由前下方斜向后上方伸的黄白色线,与体背两侧之纵线相接。第 1~7 腹节背面前缘中央各有一深绿色小点,两侧各有一黄白色斜短线,于各腹节前半部,呈"八"字形。气门 9 对,生于前胸和 1~8 腹节,气门片红褐色。臀板边缘淡黄色。化蛹前有的个体呈淡茶色。

蛹　体长 49~55 mm,长纺锤形。初为绿色,逐渐背面呈棕褐色,腹面暗绿色。

3.生物学特性

该虫每年发生 2 代。以蛹于表土层内越冬。次年 5 月底至 6 月上旬开始羽化,6 月中、下旬为盛期,7 月上旬为末期。成虫白天潜伏,夜晚活动,有趋光性,于葡萄株间飞舞。卵多产于叶背或嫩梢上,单粒散产。每雌一般可产卵 400～500 粒。成虫寿命 7～10 天。6 月中旬田间始见幼虫,初龄幼虫体绿色,头部呈三角形、顶端尖,尾角很长,端部褐色。孵化后不食卵壳,多于叶背主脉或叶柄上栖息,夜晚取食,白天静伏,栖息时以腹足抱持枝或叶柄,头胸部收缩稍扬起,后胸和第 1 腹节显著膨大。受触动时,头胸部左右摆动,口器分泌出绿水。幼虫活动迟缓,一枝叶片食光后再转移邻近枝。幼虫期 40～50 天。7 月下旬开始陆续老熟入土化蛹,蛹期 10 余天。8 月上旬开始羽化,8 月中、下旬为盛期,9 月上旬为末期。8 月中旬田间见第二代幼虫为害,至 9 月下旬老熟入土化蛹越冬。

4.防治措施

(1)挖除越冬蛹。结合葡萄冬季埋土和春季出土挖除越冬蛹。

(2)捕捉幼虫。结合夏季修剪等管理工作,寻找被害状和地面虫粪捕捉幼虫。

(3)成虫期利用黑光灯诱杀。

(4)结合防治其他病虫时,采用菊酯类农药灭虫。

霜天蛾

学名　*Psilogramma menephron*(Gramer.)

别名　泡桐灰天蛾

1.分布、寄主与为害

桐柏为广泛分布。主要为害白蜡、金叶女贞和泡桐,同时也为害丁香、悬铃木、柳、梧桐等多种园林植物。幼虫取食植物叶片表皮为害,使受害叶片出现缺刻、孔洞,甚至将全叶吃光。

2.形态特征

成虫　头灰褐色,体长 45～50 mm,体翅暗灰色,混杂霜状白粉。翅展 90～130 mm。胸部背板有棕黑色似半圆形条纹,腹部背面中央及两侧各有 1 条灰黑色纵纹。前翅中部有 2 条棕黑色波状横线,中室下方有两条黑色纵纹。翅顶有 1 条黑色曲线。后翅棕黑色,前后翅外缘由黑白相间的小方块斑连成。

卵　球形,初产时绿色,渐变黄色。

幼虫　绿色,体长 75～96 mm,头部淡绿,胸部绿色,背有横排列的白色颗粒 8～9 排;腹部黄绿色,体侧有白色斜带 7 条;尾角褐绿,上面有紫褐色颗粒,长 12～13 mm,气门黑色,胸足黄褐色,腹足绿色。

蛹　红褐色,体长 50～60 mm。

3.生物学特性

该虫每年发生 2 代,以蛹在土中过冬。来年 4 月初开始羽化、产卵;盛期在 7 月份。第二次成虫盛期出现在 10 月,幼虫 10 月老熟入土化蛹过冬。成虫夜晚活动,趋光性较强;卵多产于大树的叶背面,小树上较少。幼虫孵化后,先啃食叶表皮,随后蚕食叶片,咬成大的缺刻或孔洞,6、7 月间为害最凶,此时在地面可见到大量的碎叶和大粒虫粪。老熟幼虫落地潜入表土中化蛹。幼虫主要天敌有广腹螳螂。

4.防治措施

(1)冬季翻土,杀死越冬虫蛹,根据地面和叶片的虫粪,人工捕杀幼虫。

(2)杀虫灯诱杀成虫。

(3)幼虫 3 龄前,可施用 Bt 可湿性粉剂 1 000 倍液,25% 灭幼脲 2 000～2 500 倍液, 50% 锌硫磷 2 500 倍液,80% 敌敌畏乳油 800～1 000倍液,2.5% 溴氰菊酯 2 000～3 000 倍液等药物,防治效果较好。

(4)保护螳螂、胡蜂、茧蜂、益鸟等天敌。

榆绿天蛾

学名　*Callambulyx tatarinovi*(Bremer et Grey)

别名　云纹天蛾

1.分布、寄主与为害

桐柏为广泛分布。主要为害榆、柳,偶尔为害杨树。以幼虫食害叶片。

2.形态特征

成虫　体长 30～33 mm,翅展 75～79 mm。翅面粉绿色;胸背墨绿色;前翅前缘顶角有 1 块较大的三角形深绿色斑,内横线外侧连成 1

块深绿色斑,外横线呈 2 条弯曲的波状纹;翅的反面近基部后缘淡红色;后翅红色,近后角墨绿色,外缘淡绿;翅反面黄绿色;腹部背面粉绿色,每节后缘有棕黄色横纹 1 条。触角上面白色,下面褐色。各足腿节淡绿色,胫节黄褐,内侧有绿色密毛,跗节赤褐色。

卵 淡绿色,椭圆形。

幼虫 鲜绿色,体长 80 mm,头部有散生小白点,各节横皱,有白点并列。腹部两侧第一节起有 7 个白斜纹,纹两侧有赤褐色线缘。背线赤褐色,两侧有白线,尾角赤褐色,有白色颗粒。

蛹 浓褐色,长 35 mm。

3. 生物学特性

该虫每年发生 1~2 代,以蛹越冬。在 5~7 月出现成虫,6 月上、中旬见卵及幼虫,6~8 月间幼虫为害榆叶。在 6、7 月间黑光灯下诱得成虫甚多,说明其趋光性强。

4. 防治措施

(1)利用成虫的趋光性,在成虫发生期用黑光灯诱杀。

(2)利用幼虫受惊易掉落的习性,在幼虫发生期或将其击落,或根据地面粪粒捕捉树上的幼虫。蛹期可在树木周围耙土、锄草或翻地,消灭虫蛹。

(3)保护和利用天敌,如广腹螳螂等。

(4)幼虫期的防治可采用 2.5% 溴氰菊酯乳油 2 500~5 000 倍液,对 3 龄前的幼虫还可施放敌敌畏插管烟雾剂,用药量为 15~23 kg/hm^2。每毫升含孢子 100 亿以上的苏云金杆菌 600 倍液防治 4 龄以上幼虫也很有效。

栗大蚜

学名 *Lachnus tropicalis* (Van der Goot)

别名 栗大黑蚜

1. 分布、寄主与为害

桐柏栗园广泛分布。寄主有板栗、栎等。以成若蚜群聚在新梢、嫩叶和叶片背面刺吸汁液为害,影响新梢生长和果实发育。

2.形态特征

无翅蚜　体油黑色,长 5 mm 左右,腹部肥大。腹管短小。尾片短小呈半圆形,上生有短毛。

有翅蚜　体黑色,体长 4 mm 左右,翅展 13 mm,体较瘦。前翅分两种类型:一种为无色透明,另一种为具有浅黑色斑纹的斑翅型。雄蚜同斑翅型。

卵　长椭圆形,初产为红褐色,后渐变为黑色,有光泽,单层成片产在主干背阴面,或粗枝基部。

若蚜　体形同成蚜,但体色较浅。腹管痕迹明显。

3.生物学特性

该虫每年发生多代,以卵在枝干上越冬。第二年 4 月上旬以后,卵开始孵化为无翅雌蚜,密集成群为害枝梢,5 月间大量发生有翅蚜,迁往夏季寄主上生活,秋季再迁回到栗园中,10 月中旬后大量产生性蚜,交尾后,产卵越冬。

4.防治措施

(1)冬季刮树皮或刮除越冬卵,或用废柴油涂抹越冬卵。

(2)在栗树展叶前,栗大蚜初发生时喷药防治,可使用 40% 氧化乐果乳油 1 000 倍液、10% 吡虫啉可湿性粉剂 4 000 倍液、20% 氰戊菊酯(速灭杀丁)乳油 1 500 倍液或 10% 氯氰菊酯乳油 1 500 倍液等。

松大蚜

学名　*Cinara pinea* Mordwiko

1.分布、寄主与为害

桐柏马尾松林普遍发生。为害松树,严重发生时,松针尖端发红发干,针叶上也有黄红色斑,枯针、落针明显。盛夏,在松大蚜的为害下,松针上密露明显,远处可见明显亮点,当密露较多时,可沾染大量烟尘和煤粉,当煤污积累到一定的程度时,松树可得煤污病。

2.形态特征

松大蚜 有有翅蚜和无翅蚜两种,雌无翅蚜是繁殖的主体。它头小,腹大,黑褐色,体长 3~4 mm,宽 3 mm,近球形,腹 9 节,头 5 节渐宽,为较硬腹,后 4 节渐窄为软腹。触角刚毛状,6 节,第 3 节较长。复眼黑色,突出于头侧。秋末,雌成蚜腹末被有白色蜡粉。有翅蚜分雌雄两种,雄蚜腹部窄,雌蚜腹部宽,但窄于无翅蚜。有翅蚜翅透明,在两翅端部有一翅痣,头方圆形,大于无翅蚜,前胸背版有明显圆环和水"x"形花纹。触角长 1.5 mm,嘴细长,可伸达腹部第 5 节。

卵 长 1.3~1.5 mm,黑绿色,长圆柱形。两卵间有丝状物连接,多由 7~15 个卵整齐排列在松针叶上,有时可发现白色、红色、灰绿色卵粒。卵刚产出时白绿色,渐变为黑绿色。不太饱满卵中部有凹陷,卵上常被有白色蜡粉粒。

若虫 松大蚜若虫有卵生若虫和胎生若虫两种,它们的形态多相似于无翅雌蚜,只是体形较小,新孵化若虫淡棕褐色,腹全为软腹,喙细长,相当于体长的 1.3 倍。

3.生物学特性

该虫每年发生多代,松大蚜以卵越冬,翌春 4 月孵化,孵化率可达 90%以上,孵化时间随气温的变化而变化,早春气温越高,孵化越早。

孵化出的若虫分布:在新长出的嫩枝上刺吸汁液为生,它们很脆弱,不能适应突变的恶劣环境。松大蚜是一种繁殖很快的害虫,它一年可胎生 7 次,卵生 1 次,可繁殖 8 个世代,一雌蚜产卵量可达 35 个。秋末,无翅雌蚜成熟后,在腹末均被有白色蜡粉,并在产卵后将蜡粉盖于卵上。产卵后雌蚜不离开松树,而是潜伏在松针上,能耐 -4 ℃以上的低温。

松大蚜除秋季为卵生外,整个夏季为胎生,可孤雌生殖,雌大蚜一次可生若蚜 9~20 只,可陆续生蚜虫。若蚜刚生后,潜伏在雌大蚜周围,在新生嫩枝上为害,经 9~13 天,若蚜开始蜕皮,蜕皮方式为腹裂,皮粘于密露上。蜕皮后,松大蚜分散活动。胎生雌大蚜腹末无白色蜡粉。有翅蚜在 6 月初第一代胎生若蚜后产生,到 6 月中下旬第二代胎生若蚜时,有翅蚜明显增多。

4. 防治措施

于 6、7 月喷施 40% 氧化乐果乳油 800～1 000 倍液,或 0.5% 绿得威乳油 1 000～2 000 倍液、5% 高效氯氰菊酯 1 800～2 000 倍液,每 7～10 天喷一次,连续喷洒 2 次。

斑衣蜡蝉

学名 *Lycorma delicatula* While
别名: 斑衣、樗鸡、椿皮蜡蝉、红娘子

1. 分布、寄主与为害

桐柏为广泛分布。最喜食葡萄、臭椿和苦楝。成、若虫刺吸嫩叶和枝干汁液,其排泄液黏附于枝叶和果实上,引起污煤病而使表面变黑,影响光合作用,降低果品质量。嫩叶受害后多引起穿孔或破裂。

2. 形态特征

成虫 雄虫体长 14～17 mm,翅展 40～45 mm;雌虫体长 18～22 mm,翅展 50～52 mm。体黑色。前翅革质,长卵形,基部 2/3 淡灰褐色,散布 20 余个大小不等的黑斑;端部 1/3 深褐色,脉纹部分颜色同翅基部,后翅膜质,扇形,基部红色,散布 7～8 个大小不等的黑斑,中部白色,端部 1/3 黑色。

卵 长约 3 mm,呈长圆形,排列成行,数行成块,上覆有一层灰色粉状疏松的蜡质。

若虫 扁平。1～3 龄为黑色,背面有白色蜡粉斑点;4 龄背面红色,具黑白相间斑点。

3. 生物学特性

该虫每年发生 1 代,以卵块在树干越冬。越冬卵一般于 4 月中旬开始孵化,脱皮 4 次,若虫期约 60 天,6 月中下旬出现成虫,8～9 月间为害最重,8 月中下旬交尾产卵。成虫寿命长达 4 个月,10 月下旬逐渐死亡。

成、若虫都有群集性,常在嫩叶背面为害,弹跳力强,受惊即跳跃逃避。成虫飞翔力不强,每次迁移仅 1～2 m。成虫交尾在夜间进行,卵

多产于枝蔓和枝干的阴面,卵外呈片状。

4.防治措施

(1)结合冬季修剪,搜寻卵块压碎杀灭。

(2)若虫和成虫期可喷布 40%乐果 1 000 倍药液。

(3)建园时应远离臭椿和苦楝等杂木林。

马尾松毛虫

学名 *Dendrolimus punctatus* Walker

别名 松虎

1.分布、寄主与为害

该虫在马尾松林都有分布,为害马尾松、油松。河南省每 4～5 年周期性暴发成灾,虫口密度大,常将松针食光,呈火烧状,如此反复两年,可造成林木枯死。在豫南山区广泛分布。

2.形态特征

成虫 体色变化较大,有深褐、黄褐、深灰和灰白等色。体长 20～30 mm,头小,下唇须突出,复眼黄绿色,雌蛾触角短栉齿状,雄蛾触角羽毛状,雌蛾翅展 60～70 mm,雄蛾翅展 49～53 mm。前翅较宽,外缘呈弧形弓出,翅面有 5 条深棕色横线,中间有一白色圆点,外横线由 8 个小黑点组成。后翅呈三角形,无斑纹,暗褐色。

卵 椭圆形,粉红色,在针叶上呈串状排列。

幼虫 老熟期体长 60～80 mm,深灰色,各节背面有橙红色或灰白色的不规则斑纹。背面有暗绿色宽纵带,两侧灰白色,第 2、3 节背面簇生蓝黑色刚毛,腹面淡黄色。

蛹 棕褐色,体长 20～30 mm。

茧 长椭圆形,黄褐色,附有黑色毒毛。

3.生物学特性

该虫每年发生 2 代,以幼虫在树皮下及地表枯枝落叶层中越冬。来年 3 月中旬开始出蛰活动,上树取食针叶,5～6 龄为害最重,常把针叶食光,状如火烧。老熟幼虫于 5 月底初开始吐丝在叶丛中结茧化蛹,

6月上中旬羽化成虫,成虫有趋光性,飞翔力较强。卵产于针叶上,相连成串,或堆积成块,每雌可产卵300～600粒。6月上旬出现第1代幼虫,幼虫孵化后多群集针叶,啃食针叶边缘,呈许多缺刻,随后针叶枯缩。2龄幼虫分散为害,多自针叶先端向基部取食,但不食光,残留基部一小段。幼虫受惊即吐丝下垂,借风力传播,或落地后迅速爬行,末龄幼虫食量最大。7月底老熟后吐丝缀叶结茧化蛹。8月上旬出现越冬代幼虫,由于气候的影响,这代幼虫生长较慢,幼虫为害一直到10月底至11月初,3龄幼虫下树在树皮下越冬,

　　马尾松毛虫的发生与林地环境条件有密切关系。凡是针阔叶树混交林,松毛虫为害较轻。凡是马尾松纯林为害较严重,阳坡幼树纯林受害最重。马尾松毛虫的天敌种类繁多,每个虫态都有天敌寄生或捕食,如寄生蜂、寄生蝇、蚂蚁、螳螂、猎蝽,食虫鸟类和病菌、病毒等,对马尾松毛虫的抑制作用都很大。马尾松毛虫适应性强,繁殖快,灾害频繁。为了持续控制其灾害,近些年来,从综合防治入手探索,将马尾松毛虫的发生区分为3种类型,因类制宜,分类施策,综合治理。

4.防治措施

(1)区划松毛虫发生的地理类型。

一般区划为常灾区　海拔200 m以下丘陵地为马尾松纯林,土壤贫瘠,植被稀少,松林人为修枝过重,造成林地郁闭度小,覆盖率低,抑制马尾松毛虫各种天敌因素极度降低,故马尾松毛虫常在此猖獗成灾。

偶灾区　海拔200～400 m之间的半山区,且上缘多接近于深山区,树龄较大,树势较旺,林木及动物种类较多,郁闭度较高,马尾松毛虫灾害呈偶然性发生。

安全区　海拔一般在500 m以上,地形、地势比较复杂,山峦重叠,松林茂密,且多混交林,植被丰富,动物种类繁杂,林内温湿度等环境因素优越。该区域内常处于有虫不成灾状态。

(2)研究制定松毛虫种群动态的测报方法,及较合理的防治指标,以便因地、因时制宜及时掌握虫情,采取相应的防治措施。

(3)加强营林技术措施。营造针阔叶混交林,改造马尾松纯林为混交林,做好封山育林,防止强度修枝,提高林木自控能力。

(4)保护和利用天敌。松毛虫赤眼蜂、白僵菌、苏云金杆菌等是较常见的林间流行的松毛虫真菌病原,应用效果显著。改善松林环境,人工招引益鸟。

(5)物理和人工防治。灯光诱杀成虫,或结合性信息素招引诱杀,可以起压低松毛虫种群的辅助作用。灯诱可作为监测松毛虫虫情的有效工具。

(6)合理使用化学杀虫剂。将杀虫剂以"虫源地"为对象,施于虫害起始阶段,调节松毛虫种群,并配合其他措施综合运用。应选择适宜施药的时机。松毛虫越冬期虫龄较稳定,抗药力弱而易中毒。大部分地区松毛虫越冬期在10月到次年4月,在此期间松毛虫幼虫和蛹期的天敌都较少活动或潜伏越冬,从而可以减免因施药而杀伤天敌。常用药剂有拟菊酯类杀虫剂、灭幼脲等。也可用毒环、毒笔阻杀。

中华松针蚧

学名 *Sonsaucoccus sinensis*(Chen)

别名 中华松梢蚧

1.分布、寄主与为害

桐柏为零星分布。寄主为油松、马尾松等松属植物。用口针刺入松针组织吸取液汁,致使针叶枯黄。越冬若虫死亡率10%～70%,成灾年份油松林80%松针枯死,林相似火烧一般,严重影响林木生长,连年为害造成树木死亡。

2.形态特征

雌成虫 略似纺锤形或长椭圆形,橙褐色,体长1.5～1.8 mm;体节尚明显,体壁柔韧而有弹性;胸足3对,趋于退化,与虫体相比显著较小而弯曲;背疤数多,略呈圆形,主要分布在背部末端背面,腹面略平,末端凹陷呈钩叉状;虫体外被黑色革质蜡壳所包围。

雄成虫 体长1.3～1.8 mm,翅展3.5～4.0 mm;头胸黑色,腹部黄褐色;前翅发达,膜质半透明,后翅退化为平衡棒;腹部末端有钩状交尾器,具10余根银白色细长毛,斜伸向后方。

卵　椭圆形,微小,初产时乳白色,后转为淡黄色;孵化前可透过卵壳看到 2 个黑色眼点。

若虫　1 龄初孵若虫长卵圆形,金黄色,胸足发达,固定寄生后变成黑色,体背有白色蜡质层;2 龄无肢,若虫触角和足等附肢全部消失,口器特别发达,体壁革质,黑色,雌若虫较大,倒卵形,雄若虫较小,椭圆形;3 龄雄若虫长椭圆形,口器退化,触角和足发达,外形似雌成虫,但其腹部背面无背疤,末端不向内凹陷。

蛹　包被于椭圆形白茧中,前蛹橙褐色,脱皮后成蛹,蛹头胸部淡黄色,腹部褐色,附肢及翅芽灰白色。

3.生物学特性

该虫每年发生 1 代,以若虫在松针上越冬。3 月份,越冬若虫开始活动,2 龄无肢若虫出现,雌雄分化,虫体迅速增大,是松树受害最严重的时期。4 月中旬至 5 月上旬为成虫出现、交配期,5 月中旬至 6 月中旬为产卵期,5 月下旬至 6 月下旬为若虫孵化期,6 月下旬至翌年 5 月上旬为寄生为害期。雌虫交配时先伸出桃红色交尾器,交配后收回,受精卵在雌虫体内发育。初孵若虫由蜕壳末端的圆裂孔爬出,活动 1~2 天后,在当年生新梢的针叶上营固定生活,体色由淡黄色变为深黑色,体形由倒卵形变成椭圆形。6 月上旬至 9 月下旬为 1 龄若虫滞育期。中华松针蚧个体小,本身活动能力有限,主要靠风力、雨水冲刷和人为活动传播蔓延。

4.防治措施

(1)加强抚育管护、促进林木生长,提高林木的抗虫能力。

(2)保护或引进释放松蚧瘿蚊、异色瓢虫、红缘瓢虫、红点唇瓢虫、大草蛉等天敌,对抑制中华松针蚧种群可起到一定作用。

(4)药物防治。在距水源近的林区,采用具有内吸作用的 20%啶虫脒 1 500~2 000 倍液或 10%吡虫啉 1 500~2 000 倍液喷雾防治;在缺水的高山林区采用林丹或敌马烟剂以 15 kg/hm² 进行熏蒸防治,可起到良好的防治效果。

黑翅土白蚁

学名　*Odontotermes formosanus*（Shiraki）
别名　土白蚁
1.分布、寄主与为害
桐柏为零星分布。为害杉木、泡桐、板栗。
2.形态特征
兵蚁　全长5.44～6.03 mm。头暗黄色,被稀毛。胸腹部淡黄色至灰白色,有较密集的毛。头部背面卵形,上颚镰刀形,左上颚中点前方有一显著的齿。右上颚有一不明显的微齿。触角15～17节,第2节长度相当于3节与第4节之和。前胸背板前狭后宽,前部斜翘起。前后部在两侧交角之前有一斜向后方的裂沟,前后缘中央皆有凹刻。

有翅蚁成虫　全长27～29 mm,翅长24～25 mm。头、胸、腹背面黑褐色,腹面棕黄色。全身密被细毛。头圆形,复眼和单眼略呈椭圆形。复眼黑褐色。单眼橙黄色,其与复眼的距离约等于单眼本身的长度。触角念珠状,共19节,第2节长于第3、4、5节中的任何节。前胸背板略狭于头,前宽后狭,前缘中央无明显的缺刻,后缘中部向前凹入。前胸背板中央有一淡色的"＋"形纹,纹的两侧前方各有一椭圆形的淡色点,纹的后方中央有带分枝的淡色点。前翅鳞大于后翅鳞。

工蚁　全长4.6～4.9 mm。头黄色,胸腹灰白色。头后侧缘圆弧形。囟位于头顶中央,呈小圆形的凹陷。后唇基显著隆起,长相当于宽之半,中央有缝。触角17节,第2节长于第3节。

蚁后和蚁王　是有翅成虫经群飞配对而形成的,其中配偶的雌性为蚁后,雄性为蚁王。蚁后的腹部随着时间的增长逐渐胀大,体长最大可达70～80 mm,体宽13～15 mm。蚁后的头胸部和有翅成虫相似,但色较深,体壁较硬。腹部各节的腹板和背板仍保持原来的颜色与大小。延伸的节间膜和侧膜为乳白色,侧膜上有许多暗红褐色小点。蚁王形态和脱翅的有翅成虫相似,但色较深,体壁较硬,体形略有收缩。

卵　乳白色。椭圆形。长约0.8 mm,乳白色,一边较为平直。

3. 生物学特性

黑翅土白蚁栖于生有杂草的地下。有翅成虫于 3 月份开始出现于巢内,4～6 月间在靠近蚁巢附近的地面现出羽化孔突(形如圆锥体),数量很多,可达 100 个以上,成群分布。在气温达到 22℃以上、大气相对湿度达 95% 以上的闷热天气或雨前,有翅成虫于 19 时前后爬出羽化孔突,经过群飞和脱翅的成虫雌雄配对钻入地下建新巢,然后交配,雌雄蚁成为新巢的"蚁王"和"蚁后"。兵蚁专门保卫蚁巢,工蚁担负扩筑蚁巢、采食和抚育幼蚁等工作。工蚁采食的对象很杂,采食时,在食料上做泥被或泥线。在树干上采食时,所做的泥被和泥线可以由地面直伸 3 m 以上,有时泥被环绕整个树干周围,形成泥套。

蚁巢一般位于地下 0.3～2 m 之处,新建的蚁巢是一个小腔,3 个月后才出现菌圃。在新巢群的成长中,蚁巢不断地发生结构上和位置上的变动,使得蚁巢构造由简单逐渐到复杂,腔室由小到大、由少到多,蚁巢的位置由靠近地面的地方逐渐移向深处。

4. 防治措施

(1)注意培养健壮苗木,起苗时尽量保全根部,并迅速定植,使苗木能尽速复壮。

(2)在被害处附近,挖取长、宽、深 100 cm×80 cm×70 cm 的土坑,坑中放入松柴、甘蔗等诱饵,并洒些米汤,上面再放些韧草覆盖,过一个月左右去观察,如发现白蚁集于坑内,可施入药剂或灭虫灵等,使之中毒死亡。

(3)于树干涂抹毒环,以防治白蚁向上为害,毒环可用 40% 氧化乐果 10 倍液。

(4)灯光诱杀。每年 4～6 月间有翅繁殖蚁的分群期,利用有翅蚁的趋光性,在蚁害发生区域可采用黑光灯诱杀。

(5)压烟灭蚁。在被害树木周围开掘"探测沟",一般都能在 70～100 cm 深土中发现直径约 3 cm 的主蚁道口,在道口处挖一个大约长 50 cm、宽 33 cm、深 33 cm 的烟包洞,洞内放 1 kg 的敌马烟剂,烟包洞的洞口装上挡烟板,挡烟板的正中打一个气眼,点燃烟剂发出白烟后,立即用挡烟板将洞口堵住,并用泥土封闭挡烟口的四周,然后用打气筒与挡烟板正中的气眼接好,打气压烟入蚁道,经 48 小时,全巢白蚁可以死亡。

(6)喷洒灭蚁灵。准确勘测蚁道、蚁巢,在蚁活动的 4～10 月间,喷施灭蚁灵,每巢用药 3～30 g,可取得满意效果。

黄翅大白蚁

学名　*Macrotermes barneyi* Light

别名　大白蚁

1. 分布、寄主与为害

该虫在桐柏为零星分布。为害刺槐、泡桐、板栗等多种树木以及房屋及家具。

2. 形态特征

本种兵蚁和工蚁有大小两种类型。

大兵蚁　头大,呈长方形,全长 10.5～11 mm。头部连上颚长 5～5.44 mm,宽 2.61～3.11 mm。头部深黄色。腹部颜色较淡。上颚黑色,最宽处在头的后部或中部,仅前端略狭窄。囟很小,位于头中点的附近。由囟起逐渐向前方斜下,后唇基生有少数刚毛。触角 17 节,第 3 节等于第 2 节。触角窝后下方有淡色的眼点。

小兵蚁　全长 6.8～7.0 mm。头宽 1.5～1.55 mm。体形显著小于大兵蚁,体色也略淡。头卵形,侧缘较大兵蚁更弯曲,后侧角圆形。上颚与头的比例较大兵蚁显得更细而直大。触角 17 节,第 2 节长于或等于第 3 节。其他部分形态与大兵蚁相似。

长翅形　全长 28～30 mm,体长 14～15.5 mm。头宽连眼 2.22～2.50 mm。单、复眼距 0.20 mm。头、胸部的腹面为暗红棕色,腹部腹面色较淡。翅黄色。单眼椭圆形,与复眼距离小于单眼本身的横径。触角 17 节,第 3 节略长于第 2 节。前胸背中央有一浅色的"＋"形纹,其两侧前方有一浅黄色圆斑,前翅鳞大于后翅鳞。

大工蚁　体长 6 mm。头宽 1.83～1.94 mm。前胸背板宽 1 mm。腹宽 1.8～2.0 mm。卵乳白色,长椭圆形,长径 0.60～0.62 mm,一面

较平直。短径 0.40～0.42 mm。体长相当于小兵蚁,体形略大些。头红棕色。胸腹部浅棕黄色,颜面几乎与腹轴垂直。头形介于圆方之间。触角 17 节,第 2、3、4 节大致相等。

　　小工蚁　体长 4.16 mm。头宽 1.18 mm。前胸背板宽 0.77 mm。腹宽 1.44 mm。体形显著小于大工蚁。体色相同,头小,头部与腹部的差别远远大于大工蚁本身的差别。其余形态基本上同大工蚁。

3. 生物学特性

　　营群体生活,整个群体包括许多个体,其数量随巢龄的大小而不同,从数百个到数万个。筑大型巢于地下,在地面上不筑土垄。

　　在群体内有生殖型和非生殖型两个类型,每型又分为若干品级。生殖型即有翅成虫,在羽化前为有翅芽的若虫,分飞后发展为原始型蚁后和蚁王。在黄翅大白蚁集体中至今未发现有补充繁殖蚁,但在巢中有时能发现未经分飞的有翅繁殖蚁可以直接脱翅交配产卵,在一定程度上也起补充繁殖作用。

　　黄翅大白蚁分飞的时间,多在 5 月下旬至 6 月下旬闷热天气的傍晚前后有阵雨的时刻进行。分飞前由工蚁在主巢附近的地面筑分飞孔。分飞孔在地面较明显,呈肾形凹入地面,深 1～4 cm。孔口周围撒布许多泥粒。一巢白蚁有分飞孔几个到 100 余个。可多次分飞,一般 5～10 次。每年分飞期分出的有翅繁殖蚁数量随巢群的大小而异,兴旺发达的巢群,最多可飞出 8 000 多头成虫。黄翅大白蚁的分飞,一个巢群有时间隔 1～2 年才分飞一次,有时可连续数年每年都分飞。有翅成虫分飞后,雌雄脱翅配对,然后寻找适宜的地方入土营巢。营巢后约 6 天开始产卵,第一批卵 30～40 粒,以后每天产 4～6 粒。卵期约 40 天。据对成年巢观测,由幼蚁发育成工蚁需要 3 个虫龄,历期 4 个多月;发育为兵蚁需经 5 个虫龄,发育为有翅成虫需经 7 个虫龄;历时 7～8 个月。初建群体的入土深度在头 100 天内为 15～30 cm,巢体只有一个平底上拱的小空腔。

　　初建的群体发展缓慢,从分飞建巢到当年年底,巢内只有几十头工蚁和少数兵蚁。以后随着时间推移和群体的扩大,巢穴逐步迁入深土处。巢入土深可达 0.8～2 m,一般到第 4 或第 5 年才定巢在适宜的环境和深度,不再迁移。在巢内出现有翅繁殖蚁分飞时,此巢即称为成年巢。

黄翅大白蚁有王宫,菌圃的主巢直径可达 1 m。主巢中有许多为泥骨架,骨架上下左右都被菌圃所包围。王宫一般都靠近中央部分,主巢旁或附近宫腔常贮藏着工蚁采回的树皮和草屑碎片等。王宫中一般只有 1 王 1 后,偶尔也有 1 王 2 后、3 后现象。主巢外有少数卫星菌圃。

黄翅大白蚁的巢群上能长出鸡爪菌,一般菌圃离地面距离为 45～60 cm。

黄翅大白蚁对林木为害有一定选择性,一般对含纤维质丰富、糖分和淀粉多的植物为害严重,对含脂肪多的植物为害较轻。白蚁的为害和树木体内所含的物质如单宁、树脂、酸碱化合物的状况以及树木生长好坏有十分密切的关系。树木本身对白蚁有一定的抗性,即使白蚁嗜好的树种,若树木生长健壮,白蚁也很少为害。如造林树种不适地适树,或种植后管理不良,遇天气干旱引起生理失调,体内保护物质减少或枯竭,失去保护作用,白蚁即乘虚而入引起严重危害。一般为害幼苗较大树严重,旱季为害较雨季严重。在旱季由于白蚁从土壤中获得水分困难,只有加强取食活动为害植物,从中得到所必需的水分,于是地表的植物受白蚁为害严重。

4.防治措施

参考黑翅土白蚁的防治措施。

杨扇舟蛾

学名　*Clostera anachoreta*（Fabricius）

别名　白杨天社蛾

1.分布与为害

桐柏为零星分布。是为害杨、柳的重要害虫,幼虫吐丝结苞为害杨树叶片,常在 7～8 月间猖獗成灾。

2. 形态特征

成虫　雄成虫翅展 23~37 mm, 雌成虫 38~42 mm。体灰褐色, 前翅褐灰色, 有 4 条灰白色波状横纹, 顶角有一褐色扇形斑, 外横线通过扇形斑的一段呈斜伸的双齿形, 外衬 2~3 个黄褐色带锈红色斑点, 扇形斑下方有 1 个较大的黑色斑。后翅灰褐色。

卵　扁圆形, 直径约 1 mm, 橙红色, 近孵化时为暗灰色。

幼虫　老熟幼虫体长 32~40 mm。头部黑褐色; 胸部灰白色, 侧面墨绿色; 腹部背面灰黄绿色, 两侧有灰褐色宽带, 每节上着生环状排列的橙红色瘤 8 个, 其上具有长毛, 第 1 和第 8 腹节背中央各有 1 个枣红色的瘤, 其基部边缘黑色, 两侧各伴有 1 个白点。

蛹　体长 13~18 mm, 褐色, 腹末有分叉的臀棘。

茧　椭圆形, 灰白色。

3. 生物学特性

该虫每年发生 4 代, 以蛹在枯落物等处越冬。越冬代、第一代、第二代、第三代成虫出现的时间分别在 3 月下旬至 4 月、6 月、7 月、8~9 月。7~8 月间为害最烈, 可为害至 10 月份。成虫夜晚活动, 有趋光性, 未展叶前, 卵产于小枝, 以后产于叶背, 块产, 每雌蛾产卵 200~300 粒, 最高可达 600 多粒。常百余粒单层排列, 易于发现。初孵幼虫群集啃食叶肉, 2 龄后群集缀叶结成大虫苞, 白天隐匿, 夜出取食, 被害叶枯黄, 甚为明显; 3 龄后分散, 食全叶。共 5 龄。末龄虫食量最大, 占总食叶量的 70% 左右, 虫口密度大时, 可在短期内将全株叶片食尽, 食料不足时有垂丝迁移现象。老熟幼虫在苞叶内结茧化蛹, 末代老熟幼虫沿树干爬到地面, 在枯叶、墙缝、树皮裂缝或地被物上结茧化蛹。

4. 防治措施

(1)为减少该虫的活动空间和食料, 可营造杨桐、杨椿、杨槐或杨楝混交林。

(2)幼树及时剪除虫苞, 杀死其中幼虫。

(3)大树树干注射防治。5 月上、中旬树干基部注 20% 吡虫啉可溶性粉剂 5~12 倍液或 40% 氧化乐果 2 倍液, 每株树按胸径每厘米注射 1 ml 药液。

(4)生物防治。①第一代幼虫发生期喷洒 100 亿活芽孢/ml Bt 可湿性粉剂 200～300 倍液,或 16 000 IU/mg Bt 可湿性粉剂 1 200～1 600倍液。②于第一、二代卵发生盛期,释放赤眼蜂(每公顷 30 万～60 万头)。③在杨树林和周围种植油菜等蜜源植物,为赤眼蜂、姬蜂、瓢虫等天敌提供适宜环境,控制杨扇舟蛾。

杨小舟蛾

学名　*Micromelalopha troglodyta*（Graeser）

别名　杨小褐天社蛾

1.分布、寄主与为害

河南全省均有分布,桐柏为局部分布。为害杨柳科植物。

2.形态特征

成虫　翅展 24～26 mm,体长 11～14 mm。体色变化较多,有黄褐、红褐和暗褐等色。前翅有 3 条灰白色横线,每线两侧具暗边,基线不清楚,内横线在亚中褶下呈屋顶形分叉,外叉不如内叉明显,外横线波浪形,亚外缘线由脉间黑点组成波浪形,横脉为一小黑点。后翅黄,臀褐色,臀角有一赭色或红褐色小斑。

卵　半球形,黄绿色,紧密排列于叶面呈块状。

幼虫　体色变化较大,灰褐色、灰绿色,老熟时体长 21～23 mm,微带紫色光泽,体侧各具一条黄色纵带,体上生有不显著的肉瘤,以腹部第 1 节和第 8 节背面的较大。

3.生物学特性

该虫每年发生 3～4 代,以蛹越冬。次年 4 月中旬开始羽化,各代幼虫的出现期为:第一代为 5 月上旬;第二代 6 月中旬至 7 月上旬;第三代发生于 7 月下旬至 8 月上旬;第四代为 9 月上、中旬,为害至 10 月化蛹越冬。成虫白天隐匿,夜晚活动,交尾、产卵,卵多产于叶面或叶背,成虫有趋光性。初孵幼虫群集啃食叶表皮,呈现网状,稍大后分散蚕食,将叶咬成缺刻,残留粗的叶脉和叶柄。7、8 月高温多雨季节为害最烈,常将叶片吃光。幼虫行动迟缓,白天隐伏于树皮缝隙或枝杈间,夜出取食,黎明前多自叶面沿树干下移隐伏,老熟后吐丝缀叶化蛹。最后一代幼虫为害到10月底,爬到树缝内、墙角屋缝或表土下,吐丝结茧化蛹。

4.防治措施

(1)成虫期利用黑光灯诱杀。

(2)卵期赤眼蜂寄生率很高,可进行繁殖利用。

(3)组织人工对越冬蛹密度较高的林分,清除地表枯枝落叶,集中堆沤杀死越冬蛹。

(4)其他措施可参照杨扇舟蛾的防治。

杨黄卷叶螟

学名　*Botyodes diniasalis* Walker

别名　黄翅缀叶野螟

1.分布、寄主与为害

该虫在桐柏为局部分布。为害杨、柳,常造成严重损失。受害叶被幼虫吐丝缀,连呈饺子状或筒状,受害枝梢呈"秃梢"。

2.形态特征

成虫　体长12 mm,翅展约30 mm。体鲜黄色,触角淡褐色。雄成虫腹末有一束黑毛。翅黄色,前翅亚基线不明显,内横线穿过中室,中室中央有一个小斑点,斑点下侧有一条斜线伸向翅内缘,中室端脉有一块暗褐色肾形斑及一条白色新月形纹,外横线暗褐色波状,亚缘线波状。后翅有一块暗色中室端斑,有外横线和亚缘线。前、后翅缘毛基部有暗褐色线。

卵　乳白色,成块排列,呈鱼鳞状。

幼虫　黄绿色,老熟幼虫体长20 mm左右,胸部两侧各有一条黑褐色纵纹。

蛹　淡黄色。

3.生物学特性

该虫每年发生4代,以小幼虫在树皮缝、枯落物下及土缝中结小白茧越冬。次年 4 月杨树萌芽后上树取食,越冬代成虫 5 月底至 6 月上旬幼虫先后老熟,6 月上旬越冬代成虫羽化;第一代 7 月上中旬至 8 月上旬出现;第二代 8 月上旬至 9 月上旬出现;第三代出现于 8 月下旬至 10 月中旬。成虫具强趋光性,并寻找蜜源,卵成块、成串或单粒产于新梢叶背。初孵幼虫喜群居啃食叶肉,3 龄后分散缀叶呈饺子状虫苞或叶筒栖息取食,尤喜为害嫩叶。性极活泼,遇惊扰即弹跳逃跑或吐丝下垂,老熟后在叶卷内结薄茧化蛹。7、8 月阴雨连绵年份为害严重,常在数日内将嫩枝上全部叶片食光形成秃梢,10 月底幼虫潜入皮缝或随落叶在枯草叶片中结茧越冬。

4. 防治措施

(1)清理苗圃和林地的落叶,消灭越冬幼虫。

(2)成虫期利用黑光灯诱杀成虫,效果显著。

(3)螟黄赤眼蜂对此虫卵的寄生率很高,注意保护利用。

(4)幼虫期及时喷洒 4.5% 的高效氯氰菊酯 3 000 倍液,有良好效果。

大袋蛾

学名　*Clania Variegata* Snellen

别名　大蓑蛾、布袋虫、吊包虫

1. 分布、寄主与为害

该虫在桐柏为零星分布。寄主有泡桐、刺槐、杨树、柳树等多种林木,大发生时也为害玉米、棉花、豆类等多种农作物。轻者影响树木及农作物生长,重者叶子被食光,造成树木死亡、作物减产。

2. 形态特征

成虫　雄成虫体长 14～19.5 mm,翅展 29～38 mm。体翅灰褐色,前翅前缘翅脉黑褐色,翅面前后缘略带黄褐至赭褐色,有 4～5 个半透明斑。雌成虫体长 17～22 mm,无翅,蛆状,乳白色,头小淡赤色,胸背中央有 1 条褐色隆脊,后胸腹面及第 7 腹节后缘密生黄褐色绒毛环,腹内卵粒清晰可见。

卵 椭圆形,长 0.7～1 mm,黄色。

幼虫 初孵时黄色,少斑纹,3 龄时可区分雌雄。雌性老熟幼虫体长 28～37 mm,粗壮,头部赤褐色,头顶有环状斑,胸部背板骨化。雄幼虫老熟时体长 17～21 mm,头黄褐色,中间有一显著的白色"八"字形纹,胸部灰黄褐色,背侧有 2 条褐色斑纹,腹部黄褐色,背面较暗,有横纹。

蛹 雌蛹体长 22～30 mm,赤褐色,头胸附器均消失,枣红色。雄蛹体长 17～20 mm,暗褐色。老熟幼虫袋囊长 38～65 mm,丝织结实,囊外黏附大小不等叶子碎片及叶柄、枝梗等。

3. 生物学特性

该虫每年发生 1 代,极个别年份,天气干旱、气温偏高且持续期长,食料充足,少量大袋蛾有分化 2 代现象,但第 2 代幼虫不能越过冬季。幼虫 9 个龄期,以老熟幼虫在袋囊内越冬。翌年 4 月中旬雄虫开始化蛹,5 月上旬雌虫开始化蛹,5 月中下旬雌雄成虫同时开始羽化,20～21 时,雌成虫尾部伸出袋口处,释放雌激素,雄成虫飞抵雌虫袋口交尾。卵产于袋囊内,单雌平均产卵 3 000～5 000 粒,高者达 7 000 粒,1 头雌虫产卵 1 000～7 000 粒。6 月中、下旬幼虫孵化,在袋囊内停留 1～3 天。在 11 时至 13 时幼虫从袋囊口吐丝下垂降落叶面,迅速爬行 10～15 分钟,吐丝织袋,负袋取食叶肉。袋随虫体增大而增大。7 月下旬至 8 月上、中旬食量大增,9 月下旬至 10 月上旬,幼虫老熟,将袋固定在当年生枝条顶端越冬。

大袋蛾的发生与环境有密切关系,冬季低温的年份越冬死亡率明显高于一般年份,死亡率可达 33 %～72 %。6、7 月份,尤其 6 月中旬至 7 月中旬暴雨或阴雨连绵,对其成虫已羽化、交尾、幼虫孵化与扩散均有影响,可造成幼虫机械死亡,或疾病流行。另一方面也受天敌因子的影响,昆虫天敌在害虫蛹期有舞毒蛾、黑瘤姬蜂,寄生率仅 7.5 %。初龄幼虫阶段常被另一种姬蜂寄生,寄生率 8.6 %,还有长尾小蜂、寄蝇等。寄生率一般变化不大,为稳定因素。食虫鸟类如灰喜鹊、灰惊鸟、大山雀、麻雀等,尤以冬季啄食率高,达 24 %～30 %,但鸟的分布、栖息很不一致,为一种波动因素。寄生菌类主要作用于初孵幼虫,常随夏季的降雨、大气湿度的变化而变化,在某些年份可成为决定因素。

林分结构不同,受害程度亦不同。混交林分,以苦楝、杨树、悬铃木作隔离带可有效地限制其幼虫的扩散与蔓延。这种林分一般发生轻,害虫经常处于低密度状态;相反泡桐纯林往往发生重,害虫经常处于高密度状态。

天敌种类较多,寄生率较高。其中寄生蝇类寄生率为 17% ～53.6%,白僵菌、绿僵菌以及大袋蛾核多角体病毒寄生率在 30% 左右。

4.防治措施

(1)冬季可采用人工摘除越冬虫囊,袋蛾幼虫可饲养家禽。

(2)幼虫期喷施 20% 灭扫利 2 000～3 000 倍液或 20% 甲氰菊酯乳油 2 000 倍液。

(3)干部根颈打孔注入 50% 久效磷内吸剂原液或 5 倍液 10 ml,可杀死食叶的幼虫。

(4)做好虫情监测工作。每年树木落叶后,首先对交通干道的行道树和新造幼林进行虫情调查,发现虫袋及时摘除;对大面积发生区适时开展防治。

臭椿皮蛾

学名 *Eligma narcissus* (Cramer)

别名 椿皮灯蛾

1.分布、寄主与为害

该虫在桐柏为零星分布。为害臭椿、梨树、苹果树等。第二代幼虫为害严重,常把整株叶片食光,严重影响树木生长。

2.形态特征

成虫 体长 26～28 mm,翅展 67～80 mm。头、胸背面为褐色,胸部腹面及腹部全为橙黄色,腹部背面有黑色斑纹 1 列,侧面有黑斑 2 列。前翅狭长,中间近前方自基部至翅顶有 1 条白色纵带,近前缘部分灰黑色,后半部瓦灰褐色。后翅基半部橙黄色,端半部紫青色。

幼虫 老熟幼虫体长 48 mm,橙黄色,从胸部背板第 2 节起至第 9

节,每节有黑斑1对和透明瘤1对,其上生白色细长毛。

蛹　呈纺锤形,红褐色,宽而扁。蛹腹部5～10节能左右摆动,吱吱作响。

茧　长椭圆形,较扁平,灰褐色,酷似树皮。

3.生物学特性

该虫每年发生2代,以蛹过冬。来年3月上旬成虫羽化,成虫白天静伏于阴暗处,如树干及叶片下,夜间飞行、交尾。有趋光性,待椿树展叶后,产卵于叶背面。幼虫孵化后,常在叶背面栖息为害,尤以苗木和幼树受害较重,幼虫受惊即弹跳身体逃脱,或脱落体毛。5月下旬出现第1代幼虫,7月上旬出现第2代幼虫。老熟幼虫咬起枝上的嫩皮用丝相连做茧,茧多附在2、3年生枝干上,茧内有长体毛。通常1个茧,也有2、3个茧或5、6个茧相连在一起。茧色很像树皮,似枝皮的隆起部分,幼虫化蛹前在茧内常利用腹节背面的大齿形突与茧内壁摩擦发声时断时续。这代幼虫为害特别严重,常把叶片吃光,仅留粗的叶脉和叶柄,对苗木生长影响很大。8～9月间幼虫老熟,在树皮上结茧过冬。

4.防治措施

(1)组织人工摘除卵块,结合冬季管理,刮除在树干上越冬的蛹茧。

(2)利用成虫具趋光性的特点,成虫期灯光诱杀,也可用糖、醋、酒液诱杀。糖、醋、酒和水的比例为3:4:1:2;或成虫期夜晚人工在开阔地点火诱杀(点火时要有人看守,诱杀结束清理火源)。

(3)幼虫期喷500～1 000倍的每毫升含孢子100亿以上的Bt乳剂;受害较重时,也可在幼虫期喷施20%杀灭菊酯2 000～3 000倍液。

(4)保护、利用天敌。

樗蚕蛾

学名　*Philosamia cynthia* Walker et Felder

别名　臭椿樗蚕蛾、乌桕樗蚕蛾、柏蚕蛾、小柏天蚕蛾

1.分布、寄主与为害

桐柏为零星分布。为害臭椿、乌桕、香樟、梓树、盐肤木、冬青、柑

橘、梧桐、泡桐、苹果、梨、含笑、白兰花、叶子花等。幼虫蚕食叶片,严重时吃光。

2.形态特征

成虫 雌体长 25～30 mm,雄体长 20～25 mm,翅展 115～125 mm。体青褐色。翅黄褐色,前、后翅各有 1 个新月形透明眼斑,其外侧各有 1 条横贯全翅的粉红色宽带。前翅顶角圆而突出,具一黑色圆斑。前胸后缘、腹部背线及末端为白色。

卵 灰白色,有褐色斑,扁椭圆形,长约 1.5 mm。

幼虫 老熟幼虫体长 55～75 mm,头部黄色,体黄绿色。虫体被有白粉,各体节有 6 个对称的刺状突起,突起间有黑褐色斑点。

蛹 暗红褐色,长 26～30 mm,宽 14 mm。

茧 灰白色,橄榄形,长约 50 mm,上端开孔,茧柄长 30～130 mm,茧半边常被叶片包围。

3.生物学特性

该虫每年发生 2 代,以蛹在茧内越冬。翌年 5 月上、中旬羽化为成虫。成虫产卵于叶背。卵成块,不规则,重叠交叉产在一起。每块数粒至数十粒。1 次可产 200 多粒,总产卵量达 300 粒左右。成虫寿命 5～10 天,卵期 7～12 天。幼虫 5 月中、下旬孵化,幼虫历期 30 天左右。初孵幼虫群集为害,3 龄后,开始从枝条上由上向下扩散,昼夜取食。该虫为害大,百叶虫口 15～20 头,常将叶片食光。6 月下旬至 7 月上旬,幼虫老熟后在树上缀叶结茧化蛹。蛹期约 50 天。8 月底至 9 月上、中旬第 1 代成虫羽化、产卵。第 2 代幼虫为害期在 9～10 月下旬。越冬代老熟幼虫多在灌木上结茧越冬,成虫有趋光性,飞翔力强。

4.防治措施

(1)人工捕杀幼虫。

(2)冬、夏季节,结合修剪清园或采收种子,人工采茧处理。

(3)灯光诱杀成虫。

(4)幼虫期喷洒 25% 灭幼脲Ⅲ号 1 000 倍液,或 20% 除虫菊酯 2 000 倍液。

梧桐木虱

学名　*Thysanogyna limbata* Enderlein

别名　青桐木虱

1.分布、寄主与为害

该虫在桐柏为零星分布。为害梧桐、楸树、梓树。发生期分泌白色蜡丝,布满树体、叶面,随风飘扬,形如飞雪,落到衣物上,形成难于洗掉的污斑,严重污染周围环境,影响市容市貌。

2.形态特征

成虫　体长4～5 mm,黄绿色,具褐斑,疏生细毛,头横宽,头顶裂深,额显露,颊锥短小,乳突状。复眼赤褐色,单眼橙黄色,触角细长,约为头宽的3倍,褐色,基部3节黄色,端部2节为黑色。前胸背板拱起,前后缘黑褐色,中胸背面有浅褐色纵纹2条,中央有一浅沟。中胸盾片具有纵纹6条,中胸小盾片淡黄色,后缘色较暗;后胸盾片处生凸起2个,呈圆锥形。足淡黄色,跗节暗褐色,爪黑色。前翅无色透明,翅脉茶黄色。内缘室端部有一褐色斑。腹部背板浅黄色,各背板前缘饰以褐色横带。背板可见7节,腹板可见6节。雄虫体色和斑纹大致与雌虫相似,体长4～4.5 mm,翅展12 mm左右,腹部背板可见8节,腹板可见7节。

卵　略呈纺锤形,长约0.7 mm。初产时淡黄色或黄褐色,孵化前呈淡红褐色。

若虫　共3龄,1龄体较扁,略呈长方形,淡茶褐色,半透明,薄被蜡质;触角6节,末2节色较深,体长0.4～0.6 mm。2龄虫体较前者色深;触角8节,前翅芽色深,体长2.9 mm左右。3龄体呈长圆筒形,色泽加深,体上附有较厚的白色蜡质物,呈灰白色,略带绿色;触角10节,翅芽发达,透明,淡褐色。

3.生物学特性

该虫每年发生2代,以卵过冬。来年4月底5月初孵化,沿枝条爬到嫩梢或叶背吸食。若虫有群集性,行动迅速,但无跳跃能力。6月上旬至下旬羽化为成虫,交配产卵。一雌可产卵 50 余粒,多散产于叶背面和枝条表面。7 月中旬孵化为第 2 代若虫,集聚于叶面吸食,并分泌白色蜡丝,潜居其中,蜡丝多时,可布满树体和叶面,随风飘扬,形似飞雪,影响叶的光合作用,使叶呈现苍白萎缩。排泄的黏液污染枝干和叶面,易招致煤污病,使树势衰弱,严重时树叶早落,枝干枯死。8 月上、中旬,第 2 代成虫出现。成虫的群集性及跳跃力极强,但飞翔力较差。8 月下旬开始产卵,主要产于主枝下面近主干处,侧枝下面或表面粗糙处过冬。

此虫有天敌十余种之多,如瓢虫、蚜狮、食虫虻、寄生蜂、草蛉等,其中以 2 种寄生蜂及 2 种赤星瓢虫作用最大。

4. 防治措施

(1)保护和利用天敌资源,喷洒农药要有选择性。

(2)秋末至来年春,用 65% 肥皂矿物油乳稀释至 8 倍液喷洒于树干、枝条,消灭过冬卵。若虫期喷洒 15 倍液效果良好。

(3)结合冬季修剪,除去多余侧枝。另外,可用石灰 16.5 kg、牛皮胶 0.25 kg、食盐 1~1.5 kg 配成白涂剂涂抹树干,消灭过冬卵。

栎粉舟蛾

学名　*Fentonia ocypete* Bremer

别名　旋风舟蛾、细翅天社蛾

1. 分布、寄主与为害

桐柏为零星分布。寄主主要有麻栎、栓皮栎、槲栎、蒙古栎等。以幼虫蚕食树叶为主,大发生时,常将栎叶全部吃光,树木生长衰弱,枝条干枯,导致大幅减产甚至绝收,严重影响柞蚕养殖收成,降低蚕丝质量。

2. 形态特征

成虫　体长 20~25 mm,雌虫翅展 46~52 mm,雄虫翅展 44~48 mm。头和胸背暗褐掺有灰白色,腹背灰黄褐色,前翅暗灰褐或稍带暗红褐色,内横线以内的亚中褶上有 1 条黑色或带暗红褐色纵纹,外横线外衬灰白边,横脉纹为 1 个苍褐色圆点,横脉纹与外横线间有 1 个大的模糊暗褐色到黑色椭圆形斑。后翅苍灰褐色。

卵　扁圆形,乳黄色,孵化前变为黄褐色,直径0.6 mm。

幼虫　初龄幼虫胸部鲜绿色,腹部暗黄色。老熟幼虫36～45 mm,头赤褐色,体草绿色,胸部背线赤紫色,两侧绿色,前胸背面中间有1个黄斑,腹部第3、4、5、7、8节背面紫红色,有黄色斑。

蛹　红褐色,长20～23 mm,背面中胸与后胸相接处有一排凹陷,共14个;具耳状短臀刺。

3. 生物学特性

该虫每年发生1代,以蛹在树下表土层内越冬,翌年6月下旬至7月上旬开始羽化,7月中旬为羽化盛期,8月下旬为羽化末期。7月上旬开始产卵,7月中旬卵孵化,7月下旬、8月上旬为孵化盛期。9月上旬至9月中旬老熟幼虫坠地入土化蛹。成虫羽化多在晚间,以0～3时较多,遇雨数量增多。成虫羽化后即交尾、产卵。成虫趋光性强,白天潜伏于树干和叶背面。卵产于叶背面叶脉两侧,每片1～2粒,少数3～5粒,每头产卵量98～285粒,雄虫寿命4天左右,雌虫寿命7天左右。雌、雄性比1:3。卵期5～8天。幼虫多在3～7时孵化,共5龄。1龄幼虫在叶背面取食叶肉,使叶片呈筛网状,2龄幼虫开始取食叶片,4龄后进入暴食期。由于成虫产卵量大,且又分散,1～3龄取食量小,为害状不明显,幼虫具有保护色,不易发现,当幼虫进入暴食期后,可在3～5天内将栎叶全部吃光,造成重大损失。老熟幼虫在树下杂草或枯枝落叶层下3～5 cm表土层化蛹。

4. 防治措施

(1)对郁闭度在0.6以上的林分,采用林丹烟剂(或敌马烟剂)防治,用药15 kg/hm²,于无风的早晨或傍晚放烟,防治幼虫效果可达80%以上,但要注意预防火灾发生。

(2)成虫发生期,用黑光灯诱杀成虫,每晚可捕杀千头以上,多者上万头。

(3)幼虫期组织人力,利用幼虫遇振动后坠地的特点,振动树干,收集捕杀。

(4)注意保护利用天敌资源,如捕食性天敌鸟类,步甲、螳螂等,各种寄生蜂、黑卵蜂、舟蛾赤眼蜂等。

(5)幼虫期喷洒1.8%阿维菌素1 000倍液或苏云金杆菌(Bt)1 000倍液进行防治,也可取得满意效果。

栓皮栎波尺蠖

学名　*Larerannis filipjevi* Wehrli
别名　栎步曲

1.分布、寄主与为害

该虫在桐柏为零星分布。寄主较杂,主要为害栓皮栎、槲栎等栎类,也可为害野生山楂等树木。大发生时栎叶被食一空,状如火烧。

2.形态特征

成虫　灰褐色,雄蛾体长7~10 mm,翅展20~30 mm,前后翅各有3条黑褐色波状带(后翅不明显),前后翅外缘线有黑褐色三角形小斑点7~8枚。触角双栉齿状,复眼圆形,黑色。雌蛾体较粗,翅退化为小翅,狭长,前翅约为后翅的1/2,翅展5~7 mm,灰褐色,前翅亚基线、外缘线、后翅中横线处有由黑色鳞片构成的波状纹各一条。前、后翅外缘、后缘均具整齐的缘毛。体黑褐色,背部有灰黑色鳞片组成的纵纹两条。足有灰白色和黑褐色相间毛环。

卵　近圆柱形,长0.8 mm,宽0.5 mm,表面有纵裂整齐的刻纹。初产呈翠绿色,后渐变为浅绿或红绿色,孵化前为黑紫色。

幼虫　老熟幼虫体长23~28 mm,黑褐色,腹部第2至第3节两侧有2个黑色圆形突起。体背有4条黄色或褐色线。

蛹　纺锤形,长6.8~10.3 mm,宽2.4~3.9 mm。初化蛹为淡绿色,渐变为棕黑色、棕红色。

3.生物学特性

该虫每年发生1代,以蛹在土内越冬越夏。蛹期9个月,成虫于1月下旬开始羽化并交尾产卵,羽化多在13~19时。羽化后1天开始交尾,雄蛾有强烈的性诱现象。卵多产在树干的粗皮裂缝内,很少产在树冠枝条上,每只雌蛾产卵170粒,最高达280粒。卵期30~35天,于3

月下旬开始孵化,孵化期3～8天。幼虫共5龄,初孵幼虫24小时后开始钻入栎树芽苞内取食嫩叶,1～2龄幼虫为害叶片呈不规则缺刻,4月上、中旬正是4～5龄期,也是为害高峰期,能将叶片吃光或仅留叶脉。为害期长达40天以上。幼虫受到振动,立即吐丝下垂,悬于空中,稍停后可沿丝爬回,或借助风力转移至另一植株上为害。4月下旬5月上、中旬老熟幼虫落地寻找疏松土壤化蛹,深度一般不超过6 cm。

4.防治措施

(1)幼虫期组织人力,利用幼虫被振后易于坠地的特点,人工振动树干,集中捕杀。

(2)成虫发生期,用黑光灯诱杀成虫。

(3)施放烟剂。对郁闭度0.6以上的林分,采用林丹烟剂(或敌马烟剂)15 kg/hm² 防治,于早晨或傍晚放烟防治幼虫,效果可达80%以上。

(4)幼虫为害期叶面喷药。栗园、疏林地可采用叶面喷洒2.5%敌杀死5 000倍液(或快杀灵)防治,防治效果可达90%以上。也可用25%灭幼脲Ⅲ号1 000倍液、苏云金杆菌(Bt)1 000～2 000倍液。

(5)注意保护利用天敌资源,如捕食性天敌、鸟类,步甲、螳螂及黑卵蜂、舟蛾赤眼蜂等。在幼虫期喷洒仿生制剂病毒等。

栓皮栎薄尺蠖

学名　*Inurois fletcheri* Inoue

别名　栎步曲

1.分布、寄主与为害

该虫在桐柏为零星分布。为害栓皮栎、栗、榉、梨、梅、桃、杏等树木,以幼虫蚕食栎类等植物叶片,大发生时常将树叶吃光。

2.形态特征

成虫　雄蛾暗黄褐色,体长6.8～7.0 mm,翅展20～25 mm。触角栉齿状,与体等长。复眼黑色,圆形。前翅土黄色,外横线与内横线处有暗褐色斑点组成的波状纹1条,前、后翅中室外端各有1个椭圆形褐色斑点,后翅灰白色。雌蛾土黄色。翅退化,体长 4～8 mm。触角丝状。腹末生有一小撮黑色长毛丛。

卵　圆筒形,两端圆形,长 0.75 mm,宽 0.5 mm。表面光滑具光泽,初产时灰褐色,后变为灰白或灰色,孵化前为灰黑色。

幼虫　老熟幼虫体长 19 mm,头壳淡绿,体乳白色或肉红色。

蛹　黄绿色,长 6.3 mm,宽 2.5 mm,尾端有 2 个小刺。

茧　土色,长 7.1 mm,宽 4.4 mm。

3. 生物学特性

该虫每年发生 1 代,以蛹在树干周围表土层内越夏越冬。1 月中旬开始羽化,2 月上旬达羽化盛期,3 月下旬幼虫孵化,4 月下旬老熟幼虫坠地入土化蛹,蛹期达 9 个月。雌蛾交尾后 1～4 天开始产卵,卵多产于树冠枝条上,很少产于树干或杂草上,每头雌蛾平均产卵 79.5 粒,最多达 131 粒。卵块呈带状,一般 2～4 行,排列紧密而整齐,每块有卵 32～131 粒,上被尾毛,与树皮同色,幼虫取食多在夜间,白天静伏于叶背,由于保护色的迷惑,不易被发现。

4. 防治措施

参考栓皮栎波尺蠖的防治措施。

栓皮栎尺蠖

学名　*Erannis dira* Butler

别名　栎步曲

1. 分布、寄主与为害

该虫在桐柏为零星分布。为害栗、栓皮栎等。以幼虫取食叶片,大发生时常在早春树叶刚萌发不久即将树叶蚕食一空,严重影响森林景观和林木生长。

2. 形态特征

成虫　雄蛾体黄黑色,长 7.5～10 mm,翅展 24～32 mm。触角双栉齿状。复眼大,黑色,圆形。前翅有黑色波状纹两条,近中室处有 1 个明显棕黑色斑点。外缘线端有 1 列三角斑点,内缘外缘有缘毛,后翅灰白色,间有黑色鳞片。雌成虫体长 6.3～7.2 mm。黑色。腹末渐尖。触角丝状,复眼黑色,有灰黑色龟纹,翅极小,前翅较后翅稍长,具不整齐长缘毛。

卵　圆柱形,长 0.75 mm,宽 0.4 mm,两端略圆,具光泽,表面有整齐刻纹,初产时为绿色,渐变为褐色,孵化前为黑紫色。

幼虫　老熟幼虫体长 23 mm,头壳黑棕色,上具棕黄色龟纹。体黄褐色,第 5、6 节两侧具褐色突起。

蛹　长 6～10 mm,宽 3.4 mm,触角隆起。

3.生物学特性

该虫每年发生 1 代,以蛹在树下 1～6 cm 土层中越夏、越冬。每年1 月下旬成虫羽化,2 月中旬为羽化盛期,3 月下旬 4 月上旬幼虫孵化,5 月上中旬幼虫老熟,落地入土化蛹。卵多散产于树干粗皮缝内,少数产于枝条上。初龄幼虫有吐丝习性,可借风转移为害,幼虫多在夜间取食,白天静伏于枝条及叶柄上,幼虫有假死性。雄蛾可飞行,高度距地面不超过 2 m,雌蛾不能飞行,但爬行迅速。成虫多在傍晚活动,白天隐伏于草丛及树皮下。

4.防治措施

参考栓皮栎波尺蠖的防治措施。

栎褐舟蛾

学名　*Phalerodonta albibasis*(Chiang)
别名　红头虫、栎蚕舟蛾、麻栎天社蛾

1.分布、寄主与为害

桐柏为零星分布。为害栎类植物。幼虫取食栎叶,大发生时可将栎叶吃光,影响林木的生长和结实。

2.形态特征

成虫　体长 15～20 mm,翅展,雄虫 39～46 mm,雌虫 43～50 mm。体翅灰黄或灰褐色,前翅有 2 条波状横线,内横线双线,后翅有一条不太明显的外横线。

卵　圆形,灰白色,卵块上覆盖黑褐色绒毛。

幼虫　头橘红色,体深绿色,体长 30 ～ 40 mm,老熟时 50 ～ 53 mm。体背和体侧有紫褐色斑纹。

蛹　长 15～22 mm,暗褐色,头前中央有 1 条齿状隆起背,茧黑褐色,上扁平下圆。

3.生物学特性

该虫每年发生 1 代,以卵于枝条上越冬。翌年 4 月上中旬,当日平均气温 15 ℃,卵开始孵化,初孵幼虫群集在小枝上剥食叶肉,使叶片枯萎。3 龄以后日夜取食,沙沙作响,幼虫数量极多,常压弯枝条。4 龄以后分散为害,食量剧增,叶片吃光后转株为害。幼虫略受惊动,即昂首翘尾,口吐黑液。幼虫 5 龄,幼虫期 40～52 天。5 月下旬至 6 月上旬老熟幼虫下树,在树根附近 3～10 cm 疏松土中结茧化蛹。蛹期 4 个月,至 10 月底。11 月初羽化,成虫有趋光性,羽化当天即交尾产卵。卵多产于树冠中下部的枝条上,沿枝成 4～6 行排列。卵块上覆黑褐色绒毛,每卵块有卵 100～500 粒。

4.防治措施

(1)幼虫群集性强,可于 4 月下旬人工捕杀或剪枝杀虫。

(2)成虫有趋光性,可用黑光灯诱杀成虫。

(3)7～9 月对受害严重树周围树盘进行翻耕杀蛹。

(4)幼虫期,叶面喷洒 2.5% 溴氰菊酯 5 000～8 000 倍液、敌敌畏 2 000倍液,或喷施 Bt、白僵菌,杀虫效果明显。

栎黄掌舟蛾

学名　*Phalera assimilis* (Bremer et Grey)

别名　栎黄掌舟蛾、麻栎毛虫、栎掌舟蛾、彩节天社蛾等

1.分布、寄主与为害

桐柏为零星分布。为害栎类植物以及板栗、榆、杨等。幼虫为害,常将树叶吃光,影响树木生长。

2. 形态特征

成虫 体长 23～30 mm,翅展 50～72 mm,黄褐色,有银白色鳞毛,有光泽,前翅前缘顶角处有一个浅黄色大斑块,中室内有一个清晰的黄白色肾形小环纹。后翅灰褐色,仅翅缘颜色略深。

卵 馒头形,乳白色,直径 1.2 mm,排成整齐的单层卵块。

幼虫 体长 55～60 mm,头部橘红色,体深褐色,有 8 条橙红色纵线,各节又具 1 条橙红色横节带,并有许多淡黄色长毛。

蛹 长约 26 mm,深褐色,臀棘 6 根,呈放射状排列。

3. 生物学特性

该虫每年发生 1 代,以蛹在树下 10 cm 深的疏松土层中越冬。翌年 5～6 月羽化,羽化期内,每天以 15～20 时羽化最多,顶破土层爬出地面,沿树干向上爬行。成虫昼伏夜出,具较强趋光性,羽化后成虫于次日即行交尾产卵,其中以 19～22 时产卵最多。卵产于叶背面,块状、单层排列,每块卵数多少不等,平均 50 粒。9 月卵孵化为幼虫,初孵幼虫有吐丝下垂习性,且有群集性,常成串头向一个方向排列取食。7～8 月幼虫食量大增,分散为害,昼夜取食,其中以老龄幼虫取食量大,每头幼虫每昼夜取食栎叶 3 片,计 1.8 g。8 月底 9 月初,老熟幼虫下树,在 3～5 cm 土中化蛹越冬。此虫在纯林、林缘及道路两侧发生严重。该虫天敌种类较多,鸟类有灰喜鹊、画眉鸟等,另有多角体病毒常使幼虫感病,卵期寄生率高达 50%。

4. 防治措施

(1)人工震落捕杀群集期的幼虫。

(2)20%灭扫利 3 000 倍液药杀幼虫。

(3)灯光诱蛾也有很好的效果。

栎黄枯叶蛾

学名 *Trabala vishnou gigantina* Yang

别名 栎毛虫

1.分布、寄主与为害

桐柏为零星分布。寄主为栎类、板栗、核桃、苹果等。以幼虫取食叶片,严重时常将树叶吃光。

2.形态特征

成虫　雌蛾体长 25～38 mm,翅展 70～95 mm,头部黄褐色,触角短双栉齿状;复眼球形,黑褐色。胸部背面黄色,前翅内、外横线之间为鲜黄色,中室处有一个近三角形的黑褐色小斑,后缘和自基线到亚外缘间又有一个近四边形的黑褐色大斑,亚外缘线处有 1 条由 8～9 个黑褐色小斑组成的断续的波状横纹。后翅灰黄色。雄蛾体长 22～27 mm,翅展 54～62 mm。绿色或黄绿色。

卵　卵圆形,长 0.3～0.35 mm,宽 0.22～0.28 mm,灰白色。

幼虫　老熟幼虫体长 65～84 mm。雌性密生深黄色长毛,雄性密生灰白色长毛。头黄褐色,前胸背板中央有黑褐色斑纹,其前缘两侧各有一个较大的黑色疣状突起,上生有黑色长毛一束,常伸到头的前方,其他各节各有一个较小的黑色疣状突起。上生有刚毛一簇。

蛹　纺锤形,赤褐色,长 28～32 mm,表面附有稀疏的黑色短毛。

3.生物学特性

该虫每年 1 代,以卵在树干和小枝上越冬。翌年 4 月下旬开始孵化,5 月中旬为盛期,5 月下旬孵化结束。初孵幼虫群集于卵壳周围,取食卵壳,经 1 昼夜,即开始取食叶肉,1～3 龄有群集性,食量大,受惊吓后吐丝下垂。4 龄后分散为害,食量猛增,受惊后昂头左右摆动。8 月下旬幼虫老熟,于树干侧枝、灌木、杂草及岩石上吐丝结茧化蛹,蛹期 9～20 天;8 月中旬成虫羽化,9 月上旬为羽化盛期,成虫多为夜晚羽化交尾,当晚或次日产卵于树干或枝条、茧上,排成 2 行,即行越冬。每头雌蛾产卵量为 290～380 粒。成虫寿命平均 4.9 天。成虫具趋光性。初产卵暗灰色,孵化前卵呈浅灰白色,夜晚孵化,孵化率为 98.1%。蛹期天敌有寄生蜂,寄生率为 24%,幼虫有食虫蝽、白僵菌、核型多角体病毒,感病多为 5～7 龄幼虫,自然寄生率为 18%。

4.防治措施

(1)营林管理。营造针阔混交林,合理密植,保持一定郁闭度,加强经营管理,提高树势。

(2)人工防治。人工摘卵、捕杀幼虫、采茧等。

(3)灯光诱杀。林间悬挂黑光灯诱杀成虫。

(4)喷药防治。幼虫期向叶面喷洒25%灭幼脲Ⅲ号1 000倍液,或50%敌敌畏乳油1 000~1 500倍液,2.5%溴氰菊酯乳油5 000~8 000倍液,或50%杀螟松乳油1 000倍液。

(5)生物防治或喷洒Bt 1 000倍液,或核型多角体病毒水溶液。保护天敌,蛹期的寄生蝇、幼虫期的食虫蝽,鸟类等。

栗瘿蜂

学名 *Dryocosmus kuriphilus* Yasumatus

别名 板栗瘿蜂、栗瘤蜂

1.分布、寄主与为害

桐柏为零星分布。主要为害板栗。以幼虫为害芽和叶片,受害严重时,虫瘿比比皆是,很少长出新梢,不能结实,树势衰弱,枝条枯死。发生严重的年份,栗树受害株率可达100%,是影响板栗生产的主要害虫之一。

2.形态特征

成虫　体长2~3 mm的小蜂子,全黑褐色,有金属光泽。头短而宽。触角丝状,基部两节黄褐色,其余为褐色。胸部膨大,背面光滑,前胸背板有4条纵线。两对翅膜质透明,翅面有细毛。前翅翅脉褐色,无翅痣。足黄褐色,有腿节距,跗节端部黑色。产卵管褐色。仅有雌虫,无雄虫。

卵　椭圆形,乳白色,长0.1~0.2 mm。一端有细长柄,呈丝状,长约0.6 mm。

幼虫　体长2.5~3.0 mm,乳白色。老熟幼虫黄白色。体肥胖,略弯曲。头部稍尖,口器淡褐色。末端较圆钝。胴部可见12节,无足。

蛹　离蛹,体长2~3 mm,初期为乳白色,渐变为黄褐色。复眼红色,羽化前变为黑色。

3.生物学特性

栗瘿蜂每年1代,以初孵幼虫在被害芽内越冬。第二年栗芽萌动时开始取食为害,被害芽不能长出枝条而逐渐膨大形成坚硬的木质化虫瘿。幼虫在虫瘿内做虫室,继续取食为害,老熟后即在虫室内化蛹。每个虫瘿内有1～5个虫室。越冬幼虫从4月上旬开始活动,并迅速生长,4月下旬形成虫瘿,5月中旬至6月下旬为蛹期。5月下旬至6月底为成虫羽化期。成虫羽化后在虫瘿内停留10天左右,在此期间完成卵巢发育,然后咬一个圆孔从虫瘿中钻出,成虫出瘿期在6月初至7月上旬。成虫白天活动,飞行力弱,晴朗无风天气可在树冠内飞行。成虫出瘿后即可产卵,营孤雌生殖。成虫产卵在栗芽上,喜欢在枝条顶端的饱满芽上产卵,一般从顶芽开始,向下可连续产卵5～6个芽。每个芽内产卵1～10粒,一般为2～3粒。卵期15天左右。幼虫孵化后即在芽内为害,于9月中旬开始进入越冬状态。

栗瘿蜂的发生主要受寄生蜂的影响,其发生有一定的规律性,每次大发生都持续2～3年,此后便轻度发生。板栗不同品种对栗瘿蜂的抗性存在差异,表现出三种情况:一是新梢上的芽生长缓慢,在栗瘿蜂成虫发生期,栗芽尚未生长饱满,栗瘿蜂成虫不喜欢在这种芽上产卵,这种情况称为避害性;二是芽瘦小、外层鳞片抱合紧密的品种,栗瘿蜂成虫不爱在其上产卵,亦表现出抗虫性;三是感虫品种新梢内含有引诱成虫产卵的化学物质,易引诱成虫在其上产卵。

4.防治措施

(1)剪除虫枝和虫瘿。及时剪除虫枝和虫瘿,消灭其中的幼虫。剪虫瘿的时间越早越好。

(2)生物防治。保护和利用寄生蜂是防治栗瘿蜂的最好办法。保护的方法是在寄生蜂成虫发生期(4月份)不喷施任何化学农药。8月份以后采集枯瘿,其内有大量的中华长尾小蜂幼虫;次年3～4月份悬挂栗园中,使寄生蜂自然羽化,寄生栗瘿蜂。

(3)药剂防治。在栗瘿蜂成虫发生期,可喷布50%杀螟松乳油或4.5%氯氰菊酯均为2 500倍液,杀死栗瘿蜂成虫。

淡娇异蝽

学名　*Urostylis yangi* Maa

别名　臭板虫

1.分布、寄主与为害

桐柏为零星分布。主要为害板栗和茅栗,栗树萌芽后若虫刺吸嫩芽、幼叶,被害处最初出现褐色小点,随后变黄,顶芽皱缩、枯萎。展叶后被害叶皱缩变黄,严重时焦枯。受害重的枝梢7月间枯死,树冠呈现焦枯,幼树当年死亡。1979～1980年在河南省信阳县栗区大发生,千余亩幼树受害死亡。

2.形态特征

成虫　雄虫体长8.9～10.1 mm,宽4.2 mm左右。雌虫体长10.0～12.5 mm,宽5.3 mm,草绿至黄绿色。头、前胸背板侧缘及革片前缘米黄色。触角5节,第一节赭色,外侧有一褐色纵纹,其余各节浅赭色,第3～5节端部褐色。触角基部外侧有一眼状黑色斑点。前胸背板、小盾片内域小刻点天蓝色,前胸背板后侧角有一对黑色小斑点或沿缘脉具不规则天蓝色斑纹,革片外缘有一条连续或中间中断的黑色条纹。膜质部分无色透明。

卵　长0.9～1.2 mm,宽0.6～0.9 mm,浅绿色,近孵化时变为黄绿色。卵块长条状,单层双行,排列整齐,上有较厚的乳白色胶质保护物。

若虫　若虫5龄。初孵若虫近无色透明,老龄若虫草绿至黄绿色。5龄若虫翅芽发达,小盾片分化明显,前胸和翅芽背面边缘有一黑色条纹,前胸腹面有一条黑色条纹伸达中胸。

3.生物学特性

在板栗产区每年发生1代,以卵在落叶内越冬,少数在树皮缝、杂草或树干基部越冬。次年2月底3月初越冬卵开始孵化,3月中旬为孵化盛期。若虫蜕皮5次。5月中旬出现成虫,5月下旬至6月上旬为羽化盛期,成虫于9月下旬开始交尾产卵,至11月下旬结束。

越冬卵孵化后,初孵若虫和2龄若虫先群居卵壳上取食卵块上的胶状物,不具有危害性。3龄若虫较为活泼,在栗树嫩芽初绽时,群居芽及嫩叶上吸取汁液。若虫发育历期34~61天。成虫多在白天羽化。成虫极为活泼,但飞翔力不强,白天静伏栗叶背面,16时以后开始活动。多取食叶背面叶脉边缘和1~3年生枝条皮孔周缘及芽,18~22时活动量渐小,22时以后又处于静伏状态,但口针仍刺入栗树组织内不动,至次日6~7时。成虫历期145~213天,经过长达5个多月的补充营养后,才交尾产卵。雌雄成虫一生仅交尾1次。交尾结束后,雄虫2~7小时后即死亡;雌虫当天便可产卵,8~10天后死亡。成虫产卵于落叶内,卵块呈条状。每头雌虫产卵1~3块,每块有卵10~59粒,每头雌虫产卵量为39~131粒,平均78粒。卵期102~135天,其自然孵化率达98.5%。

淡娇异蝽的发生及为害程度与栗园管理水平有密切关系。凡栗园树冠下杂草丛生、植被茂密、落叶覆盖较厚,越冬卵量就大,而且若虫孵化率高,为害较重;相反,管理好,栗园杂草落叶少,为害就比较轻。

4.防治措施

(1)清园。在入冬后至2月下旬之前,彻底清除栗园杂草、落叶,集中烧毁或埋于树冠下,以消灭越冬卵,降低越冬卵基数。

(2)药剂防治。发生严重的栗园,在3月下旬至4月上旬进行树上喷药防治。使用药剂有25%蛾蚜灵可湿性粉剂1 500~2 000倍液,防治效果达97%以上;在成虫发生期,喷80%敌敌畏乳油1 500倍液,若虫和成虫死亡率达85.7%,喷20%速灭杀丁乳油1 000倍液,杀虫率达95.8%。

枣尺蠖

学名　*Sucra jujuba* Chu

别名　枣步曲、枣尺蠖、量量尺、造桥虫

1.分布、寄主与为害

枣区均有分布。幼虫专食枣树的芽、叶片、花蕾,并用丝缠缀,阻碍

芽叶生长,初孵幼虫为害嫩芽,常称"顶门吃"。大发生时将枣树啃成光杆,不仅当年毫无收成,而且影响第二年的产量,将叶片全部吃光后可转移到其他果树。

2. 形态特征

雌成虫无翅,体圆锥形,灰色,如枣树皮,头小,喙退化,触角丝状,褐色,胸部膨大,足 3 对,胸腹部背面有横列的刺,背部有 10 个黑色圆点,尾端有褐色的绒毛一丛。雄成虫体长 14 mm,翅展 34 mm,前翅灰褐色,有黑色弯曲的条纹 2 条,后翅有弯曲纹一条,内侧有一小黑色斑点。

卵　圆球形,成堆,初产时灰绿色,渐为淡褐色,光滑明亮,孵化前呈紫黑色,具金属光泽。

幼虫　体长 46 mm,初龄幼虫,淡黄色,胴部有 6 个白条纹,后变为胴部灰绿色。头半球形,稀生长毛。体节两侧有椭圆形气门,腹足、尾足各 1 对。

蛹　纺锤形,暗褐色,15 mm。腹部两侧有黑褐色气门,雌蛹大,雄蛹小,腹尖,蛹尾部具褐色臀刺。

3. 生物学特性

该虫每年发生 1 代,少量 2 年 1 代,以蛹在土中越冬。第二年 3 月中旬开始羽化,3 月下旬到 4 月为羽化盛期,黄河以北 5 月羽化,成虫多在日落后开始出土,雌虫无翅不能飞,白天在草间潜伏,傍晚在树干上交尾,当天即可产卵于枝顶处或树皮缝内,卵呈堆状,每雌虫可产卵1 000~1 200粒,成虫具有趋化性、假死性,夜间向光,白天避光,故白天多静止,傍晚雄蛾飞翔活跃,寻找雌蛾交尾,雄蛾对雌蛾信息十分敏感,据观察,可逆风 500 m 远前来交尾。卵经 15~25 天孵化幼虫,幼虫喜散居,爬行迅速,并吐丝,1~2 龄幼虫爬过地方即留下虫丝,故嫩芽受丝缠绕影响其生长,幼虫食量随虫龄而增加,5 龄期食量占总食量的87%。虫龄愈大,为害越严重。幼虫具假死性,遇惊即吐丝下垂,常借风力而向四周蔓延扩散,幼虫除取食嫩芽幼叶外,还为害花蕾。从 4 月下旬到 5 月上旬为盛期,5 月下旬吃花,花吃光会造成绝产。幼虫孵化期长,可持续 50 天左右,为害到 5 月下旬落地化蛹进入越夏、越冬期。

4.防治措施

(1)结合冬耕,消灭蛹。

(2)成虫出土前阻止雌虫上树产卵,干基部绑塑料薄膜,使其不能上树,早晨可组织人工扑杀。

(3)幼虫期依靠群众,用竹竿击枣树枝,使虫坠落打死。

(4)药剂防治,在幼虫大多处在 3 龄以前,向树冠喷 4.5%氯氰菊酯 1 000 倍液,或 0.5%绿宝威 1 000~1 500 倍液灭虫。

枣飞象

学名　*Scythropus yasumatsui* Kono et Morimoto

别名　枣芽象甲、小白象、小灰象鼻虫

1.分布、寄主及为害

枣区均有分布。主要为害枣、苹果、梨等。

2.形态特征

成虫　体长 4.5~5 mm,头黑色,触角膝状,体被灰白或土黄色鳞片,腹部银灰色。雄虫色泽较深。喙粗。背面两复眼之间凹陷。前胸背面中间色较深,呈棕灰色,鞘翅弧形,每侧表面各有细纵沟 10 条,鞘翅背面有模糊的褐色晕斑。

卵　长椭圆形,初产时为乳白色,后变棕色。

幼虫　乳白色,体长 4~5 mm,头浅褐色,胴部乳白色,略弯曲,多皱褶,无足。

蛹　乳白色,长约 4 mm。

3.生物学特性

该虫每年发生 1 代,以幼虫在地下 5~50 cm 深的土内越冬。翌年3 月下旬至 4 月上旬化蛹,4 月中旬至 6 月上旬羽化,交尾产卵。产卵的盛期,也是为害的高峰期。成虫群集啃食刚萌生的嫩芽幼叶,严重时枝头顶端光秃,呈灰色,长时间不能重新萌芽。枣节间生长短,延迟开花结果期,仅能结少量晚枣,质量差,如幼叶已展开,则将叶尖咬成半圆形或呈锯齿形缺刻,或将叶片食尽。严重影响当年产量。5 月初,因气

温低,每天中午仍上树取食,其他时间在林地附近地面蛰伏。5月底气温渐高,成虫喜在早晚上树取食为害。成虫受惊坠地假死。白天气温高时,往往在着地前或落地后,展翅飞逃。雌成虫寿命43.5天,雄成虫寿命36.5天,雌虫产卵于枣树嫩芽、叶面、枣股翘皮下,或枝痕的裂缝内。卵每块3~10粒(雌虫一生可产100余粒,卵历期12天左右)。5月上旬至6月中旬幼虫孵出后,沿树干下地,潜入土中,取食植物细根,9月以后下迁至土中30 cm左右深处越冬。翌年春,随气温回升而上迁地表5~20 cm深处活动,在土层5~10 cm深处做球形土室化蛹其中。据观察,黏土地有利于其幼虫越冬,故虫口密度大、易成灾。

4. 防治措施

(1)利用成虫假死性,在清晨震树,捕杀成虫,

(2)及时拾落果,消灭果内幼虫。

(3)成虫出土始期,于树冠下喷37%的巨无敌乳油1 500~3 000倍液,或30%高效氯氰菊酯可湿性胶囊剂4 000~6 000倍液。

枣瘿蚊

学名 *Dasineura datifolia* Jiang

别名 枣芽蛆、卷叶蛆、枣蛆

1. 分布、寄主及为害

枣区均有分布。为害枣树嫩叶、幼芽,叶卷曲成筒状,由绿变紫红色至褐黑色,引起落叶,影响当年红枣产量。

2. 形态特征

成虫 体长1.4~2.0 mm,虫体似蚊。头胸部黑绿色或黑褐色,腹部橙黄色,腹背面有红褐色横带。触角念珠状,灰黑色,14节,密生细毛,每节两端有轮生刚毛;前翅椭圆形,体、翅均生黄褐色细毛,后翅退化为平衡棒。足3对,细长,淡黄色。雌虫腹部8节,尾部具产卵器;雄虫体略小,长1.1~1.3 mm,灰黄色,触角发达,长过体半,腹部细长,末端具交尾抱握器1对。

卵 近圆锥形,长0.3 mm,半透明,初产卵白色,后呈红色,具

光泽。

幼虫　蛆状,长 1.5~2.9 mm,乳白色,无足。

蛹　纺锤形,长 1.5~2.0 mm,黄褐色,头部有角刺 1 对,雌蛹足短,直达腹部第 6 节;雄蛹足长,与腹部相齐。

3.生物学特性

该虫每年发生 5~6 代,以老熟幼虫在树下表层内做茧越冬。翌年 4 月枣发芽时相继化蛹羽化,成虫产卵于未展开的嫩叶缝内或枣芽上,幼虫吸食汁液,5 月上旬为为害盛期,使被害树叶纵卷成筒状,一个叶片上有幼虫 5~15 头。幼虫在卷叶内为害,导致叶片增厚、变硬发脆,后变黑褐色枯萎脱落。幼虫老熟后脱叶入土结茧化蛹,6 月上旬成虫羽化后继续繁殖为害,成虫平均寿命 2 天,约在 9 月以末代幼虫越冬。

4.防治措施

(1)加强抚育管理,冬季在树盘周围松土冻死越冬茧或在距树干 1 m 范围内重点施药,施后将土耕松。

(2)树冠喷药,幼虫期喷 50% 杀螟松 1 000 倍液,果期喷 2.5 功夫乳油 4 000 倍液。

枣龟蜡蚧

学名　*Geroplastes japonicus* Green

别名　日本龟蜡蚧、树虱子

1.分布、寄主及为害

枣、柿、苹果树栽植区均有分布。为害的寄主比较广泛,主要为害枣、柿、苹果等,为害枣时一般为害 2 年生枝条及叶片,因其若虫排泄的液体引起霉病的发生,造成枝叶变黑,影响树势和产量。

2.形态特征

成虫　雌成虫体长 3 mm 左右,椭圆形,有 8 个小突起,周围紫红色,体表有龟状纹,背覆白蜡质介壳。触角 5~7 节,具 3 对细小胸足;雄成虫体长 10 mm,棕褐色,触角丝状,有翅 1 对。

卵　椭圆形,长 0.3 mm,初产时橙黄色,近孵化时紫红色。

若虫　初孵若虫体扁平,椭圆形,体长 0.5 mm,淡红色,触角鞭状,复眼黑色,成熟的若虫雌性蜡壳椭圆形,雄性蜡壳呈芒状。

蛹　长 1.15 mm,宽 0.52 mm,梭形,棕褐色,头、触角色较深,翅芽色淡,腹末具明显交尾器。

3.生物学特性

该虫每年发生 1 代,以受精雌虫固着 1~2 年生枝条上越冬,尤以当年生枣头上最多。次年 3 月越冬雌虫开始发育,虫体迅速增长,5 月底或 6 月初开始产卵,6 月中旬为盛期,7 月中旬结束。若虫于 6 月上、中旬开始孵化,6 月底至 7 月上旬为盛期,7 月中旬结束。7 月下旬至 8 月中旬雌、雄虫开始分化,8 月中、下旬雄蛹出现,9 月上旬雄蛹羽化。雌雄比为 1:(2~3),雌虫在叶片上为害至 8 月中、下旬,多在脱皮为成虫迁回到枝条上固定取食。雌成虫与雄成虫交尾后为害至 11 月,进入越冬期。

卵产于雌虫体下,单雌产卵量与寄主和个体发育关系密切。故产卵量差异较大,最多 3 000 余粒,最少 200 余粒。卵历期 20 天左右,卵孵化期 1 个月左右。适宜卵孵化的温度为 25~30 ℃,低于 20 ℃ 则停止孵化。初孵若虫 10 小时左右爬出母体,具上爬习性,沿枝条向上爬至叶面固定取食。若虫随风向四周蔓延扩散。固定 1~2 天体背分泌出白色蜡点 2 列,3~4 天胸背面形成蜡板,体缘分泌出 13 个三角形蜡芒。雄若虫 8 月中旬化蛹,9 月上旬为盛期,雌若虫 8 月下旬由叶片向枝条上转移,9 月上旬为转移盛期。雄成虫羽化后白天飞行活动,寻雌成虫交尾,夜晚静伏叶背面。一头雄虫可同两头雌虫交尾。交尾后的雌成虫由叶片上转上枝条,尤其喜欢转上当年生枝条上固定下来。

天敌已发现 20 余种,捕食性天敌的红点唇瓢虫、二星瓢虫、蒙古光瓢虫、黑缘红瓢虫为优势种。寄生性天敌以蜡蚧扁角小蜂、长盾金小蜂、蜡蚧花翅跳小蜂、软蚧蚜小蜂等为优势种,寄生率可达 50% 左右。

4.防治措施

(1)做好苗木的检疫工作。

(2)冬春剪除虫枝或用较硬的毛刷清除越冬雌成虫,虫体落地后无法爬回树枝上面死亡,也可集中消灭。

(3)秋后或早春喷药,孵化期喷 40%速蚧克乳剂 200 倍或速扑杀 3 000倍液、20%灭扫利3 000倍液。

枣粘虫

学名　*Ancylis sativa* Liu

别名　枣卷叶虫、贴叶虫、枣镰翅小卷蛾

1.分布、寄主及为害

该虫在枣区均有发生。幼虫为害枣树叶、花和果实。枣树展叶时幼虫吐丝缠缀嫩叶,躲在其中食害叶肉,轻则将叶片吃成大小缺刻,重则将叶片吃光。花期幼虫钻在花丛中,吐丝缠缀花序,食害花蕾,咬断花柄,使花变黑萎缩。幼果期咬食幼果,使其未熟先落。

2.形态特征

成虫　黄褐色,体长 6~8 mm,翅展 14 mm,触角褐黄色,前翅顶角成尖突起状,前缘有黑色短斜纹 10 多条,中间有深褐色纵纹 3 条;足黄色,跗节具黑褐色环纹。后翅灰色,缘毛细长。

卵　扁椭圆形,长 0.4~0.6 mm,表面具网状花纹,初产黄白色,半透明,孵化前为近黑红色。

幼虫　初孵幼虫体长 0.8 mm,头部大,黑褐色,胴部黄白色。老熟幼虫体长 12~15 mm,头部赤褐色,有花斑。胴部淡白色或黄绿色。幼虫期共 5 龄。

蛹　被蛹,初为淡绿色,渐为赤褐色,腹部各节前后缘各具 1 刺突,末端有 8 根弯曲的长毛,茧软而薄,灰白色。

3.生物学特性

该虫每年发生 3 代,以蛹在枝、干皮裂缝内越冬。3 月羽化,羽化后 2~4 天交尾产卵,成虫寿命 6~7 天。卵产在小枣股和叶片上,平均每雌产卵 100 粒左右,4 月中下旬孵化出幼虫,幼虫为害嫩芽和叶,用丝贴缀两叶片,并在其中食害;5 月上旬第一代幼虫进入危害盛期,5 月中下旬化蛹,6 月上旬始见成虫及第二代卵。二、三代卵主要产在叶面主脉两侧,叶背或枝条上较少,6 月中旬枣树开花时正值第二代幼虫始

见期,幼虫为害叶、花蕾、花和幼果。第二代成虫于7月中下旬至8月中下旬发生,第一代卵多产在光滑的小枝上。第二、三代卵多产在叶面上。第一代幼虫孵化后钻入嫩芽为害,使枣树迟迟不能正常发芽,甚至使被害芽枯死,发第二次芽;第二代幼虫主要为害花和幼果;第三代幼虫除为害叶片外,还啃咬果皮或钻入果内为害,造成果实提前脱落。8月底、9月初幼虫老熟开始向主枝、树干爬行,寻找适宜场所越冬。幼虫活跃,稍受惊动即吐丝下垂。幼虫期一个月左右,第一、二代幼虫老熟后在被害卷叶内结茧化蛹。蛹期10天左右。成虫有较强的趋光性。

4.防治措施

(1)在老熟幼虫开始下行前,在树干和大枝上束草诱集幼虫,集中烧毁。

(2)枣树落叶后到发芽前刮树皮,消灭越冬蛹。

(3)根据成虫具有趋光性的特点,用黑光灯诱杀成虫。

(4)人工及时撤除虫包。

(5)幼虫发生盛期喷洒20%灭扫利2 000~3 000倍液。

黄刺蛾

学名 *Cnidocampa flavescens* Walker

别名 幼虫俗称洋辣子、八角罐等

1.分布、寄主与为害

桐柏为零星分布。寄主有核桃、枣、梨、柿、李、苹果、山楂等。幼龄幼虫即开始取食叶肉,残留叶脉,将叶片咬成缺刻,仅留叶柄和叶脉。

2.形态特征

成虫 体长13~16 mm,翅展30~34 mm。虫体肥胖,短粗,鳞片较厚,头部小,触角丝状,头部和胸部黄色,腹背黄褐色;前翅内半部黄色,外半部褐色,有2条暗褐色斜线在翅尖汇合,呈倒"V"字形,内面1条的下部和内侧各有一个棕褐色斑点,此斑点雌蛾尤为明显。

卵 扁平,椭圆形,表面具线纹,初产时黄白色,后转黄绿色。

幼虫 老熟幼虫体长25 mm左右,头小,黄褐色。胸、腹部肥大,黄绿色。体背上沿背中线有一哑铃形紫褐色大斑纹,边缘常带蓝色;每个体节有 4 个肉质枝刺,上生刺毛和毒毛,胸足极小,腹足退化,1～7 腹节腹面中部各有一个扁圆形吸盘。

蛹　椭圆形,黄褐色,体长 12 mm。

茧　椭圆形,石灰质,坚硬,灰白色,上有 6～7 条褐色纵条纹。

3.生物学特性

该虫每年发生 2 代,以老熟幼虫在小枝叉处、主侧枝以及树干的粗皮上结茧越冬。越冬代成虫于翌年 5 月下旬至 6 月下旬开始出现,产卵于叶背,常 10 多粒或几十粒集中成块。卵期 7～10 天,第一代幼虫于 6 月中旬孵化,1、2 龄幼虫群集叶背取食叶肉,以后分散蚕食。7 月上旬为为害盛期。第二代幼虫于 7 月底开始为害,8 月上、中旬为为害盛期。8 月下旬,幼虫老熟,在树体上结石灰质硬茧越冬。幼虫毒刺分泌毒液,人被毒刺刺中部位引起红肿,疼痛难忍。黄刺蛾天敌有上海青蜂、黑小蜂等。

4.防治措施

(1)搜集树上的虫茧进行妥善处理。

(2)在成虫期利用黑光灯诱杀成虫。

(3)幼虫发生期可喷洒 20%灭扫利 2 000～3 000 倍液或 10%吡虫啉 1 500～2 000 倍液。

褐边绿刺蛾

学名　*Latoia consocia* Walker

别名　青刺蛾、褐缘绿刺蛾、四点刺蛾、曲纹绿刺蛾、洋辣子

1.分布、寄主与为害

桐柏为零星分布。为害大叶黄杨、月季、桂花、梨、桃、李、杏、梅、樱桃、枣、柿、核桃、板栗、杨、柳、悬铃木、榆等。幼虫取食叶片。低龄幼虫取食叶肉,仅留表皮,老龄时将叶片吃成孔洞或缺刻,有时仅留叶柄,严重影响树势。

2.形态特征

成虫　体长 15～16 mm,翅展约 36 mm。触角棕色,雄栉齿状,雌丝状。头和胸部绿色,复眼黑色,雌虫触角褐色,丝状,雄虫触角基部 2/3 为短羽毛状。胸部中央有一条暗褐色背线。前翅大部分绿色,基部暗褐色,外缘部灰黄色,其上散布暗紫色鳞片,内缘线和翅脉暗紫色,外缘线暗褐色。腹部和后翅灰黄色。

卵　扁椭圆形,长 1.5 mm,初产时乳白色,渐变为黄绿至淡黄色,数粒排列成块状。

幼虫　末龄体长约 25 mm,略呈长方形,圆柱状。初孵化时黄色,长大后变为绿色。头黄色,甚小,常缩在前胸内。前胸盾上有 2 个横列黑斑,腹部背线蓝色。胴部第二至末节每节有 4 个毛瘤,其上生一丛刚毛,第 4 节背面的 1 对毛瘤上各有 3～6 根红色刺毛,腹部末端的 4 个毛瘤上生蓝黑色刚毛丛,呈球状;背线绿色,两侧有深蓝色点。腹面浅绿色。胸足小,无腹足,第 1～7 节腹面中部各有一个扁圆形吸盘。

蛹　长约 15 mm,椭圆形,肥大,黄褐色。包被在椭圆形棕色或暗褐色长约 16 mm 似羊粪状的茧内。

3.生物学特性

该虫每年发生 1 代,越冬幼虫于 5 月中下旬开始化蛹,6 月上中旬羽化。卵期 7 天左右。幼虫在 6 月下旬孵化,8 月为害重,8 月下旬至 9 月下旬,幼虫老熟入土结茧越冬;在发生 2 代区,越冬幼虫于 4 月下旬至 5 月上中旬化蛹,成虫发生期在 5 月下旬至 6 月上中旬,第 1 代幼虫发生期在 6 月末至 7 月,成虫发生期在 8 月中下旬。第 2 代幼虫发生在 8 月下旬至 10 月中旬,10 月上旬幼虫陆续老熟,在枝干上或树干基部周围的土中结茧越冬。

4.防治措施

(1)根据幼虫群集为害的特点,进行人工捕杀。

(2)在成虫期利用黑光灯诱杀成虫。

(3)幼虫发生期可喷洒20%灭扫利 2 000～3 000 倍液或 10%吡虫啉 1 500～2 000 倍液。

核桃缀叶螟

学名　*Locastra muscosalis* Walker
别名　核桃卷叶虫、核桃粘虫

1. 分布、寄主与为害

桐柏为零星分布。寄主有核桃、黄连木等，初孵幼虫常几十头或百余头聚集拉丝结网，将叶片缠成团状，幼虫在丝团内啃食叶片正面叶肉，留下表皮和叶脉；幼虫逐渐长大后，常将几片复叶用丝粘合成较大的团状窝；老幼虫则分散为害，各自卷叶成筒状。

2. 形态特征

成虫　体长 14～20 mm，翅展 30～50 mm，体黄褐色。前翅色深，略带红褐色，有明显黑褐色内横线及曲折外横线，横线两侧靠近前缘处各有一黑色小斑点，外缘翅脉间各有一黑褐色小斑点，前缘中部有一黄褐色斑点；后翅灰褐色。

卵　球形，密集排列成鱼鳞状，每块有卵 200 粒左右。

幼虫　体长 20～30 mm，头部黑色有光泽；前胸背板黑色，前缘有 6 个黄白色斑点，背中线杏黄色，亚背线、气门上线黑色，体侧各节有黄白色斑。

蛹　深褐色，长约 16 mm。

茧　深褐色，扁椭圆形，硬似牛皮纸。

3. 生物学特性

该虫每年发生 1 代。以老熟幼虫在根颈部及距树基 1 m 范围内 10 cm 深土中结茧越冬，翌年 6 月中旬至 8 月上旬越冬幼虫化蛹，6 月底至 7 月中旬为化蛹盛期，蛹期 10～20 天。6 月下旬至 8 月上旬为成虫羽化期，羽化盛期在 7 月中旬。成虫在叶面上产卵，7 月上旬到 8 月上中旬为幼虫孵化期，盛期在 7 月底 8 月初。初孵化幼虫常数十条至数百条群居在叶面上吐丝结网，啃食叶肉，常将 1 片叶卷成筒状；幼虫 2～3 龄时，常将 3、4 片复叶呈团状缠卷在一起，在其中为害，幼虫夜间取食，白天静伏于叶筒内，受害叶多在树冠外围。8 月中旬以后，老熟幼虫入土结茧越冬。

4.防治措施

(1)在幼虫群居虫包为害时,摘下虫包集中烧毁。

(2)在秋季土壤结冻前和春季解冻后,在根颈附近的土中挖出虫茧,集中处理。

(3)7月中下旬幼虫为害初期,喷洒20%甲氰菊酯2 000~4 000 倍液、25%西维因可湿性粉剂500~800 倍液或50%杀螟松乳剂1 000~2 000 倍液。

竹 螟

学名 *Algedonia Coclesalis* Walker

别名 竹织叶野螟、竹苞虫、竹卷叶虫

1.分布、寄主与为害

桐柏有零星分布。为害毛竹、淡竹、刚竹、苦竹等多种竹子。幼虫吐丝卷叶取食为害,大发生时竹叶被吃光,出现竹林成片枯死,严重影响竹鞭生长及下年出笋。出笋率减少30%~50%。

2.形态特征

成虫 体长9~13 mm,翅展28~30 mm,体黄褐色,触角丝状,复眼草绿色。前后翅外缘具褐色宽带,前翅有横线3条,呈褐色波状纹,中横线中央部分断裂,中横线后段与外横线前段有一纵线相连接,外横线后段消失;后翅中央有一弯曲褐色斑纹。

卵 扁圆形,长0.8~1.0 mm,淡黄色,中央部分厚,略呈半透明。数十粒聚集一起,卵块扁平、略近圆形,各卵粒呈鱼鳞状紧密排列。

幼虫 共6龄,老熟幼虫体长18~24 mm,头部褐色;取食期间体呈绿色或淡黄色,体表光滑;老熟时体色变浅,呈灰白色,各节有淡褐色的毛片,入土化蛹前转为金黄色。

蛹 长12~14 mm,橙色,腹部较细,末端有钩状臀棘数根。

茧 椭圆形,长约15 mm,在竹苞内或表土上的为丝质茧,在土内做土质茧。

3.生物学特性

该虫每年发生 1 代,少数 1 年 2 代。以老熟幼虫在土茧中过冬,来年 5 月初过冬幼虫开始化蛹,蛹 10～15 天羽化成虫。成虫有趋光性,需吸食花蜜才能交尾产卵,卵块产于嫩叶背面,呈鱼鳞状,卵 3～5 天孵化。初孵化幼虫取食竹叶上的表皮,2 龄后吐丝卷叶躲在其中取食,并形成大的虫苞。幼虫在 6 月中、下旬为害,7～8 月为为害盛期,被害竹上虫苞累累,多达 300 余个,竹叶被食尽,竹枝发黄,直至 10 月仍可见少数幼虫为害,多数幼虫于 10 月份在附近疏松表土上做土茧过冬。

4.防治措施

(1)结合竹林抚育,清除林间、林缘小灌木,减少蜜源植物;冬季竹园松土,可以增加过冬幼虫死亡率。

(2)成虫 5 月底出现,可用黑光灯诱杀。

(3)在 6 月底发现幼虫苞叶时,可用 50%敌敌畏 1 000 倍液喷雾。

(4)竹林较密,可使用敌马烟剂放烟,每亩用量 1 kg,薰杀成虫和幼龄幼虫。

第四章 果实病虫害

第一节 病 害

枣缩果病

在桐柏枣园普遍发生。

1. 症状

为害枣果,引起果腐和提前脱落。病菌侵入果后,病程从直观上可分为晕环、水渍状、提前着色、萎缩和脱落 5 个阶段。病果初在肩部出现淡黄色晕环,逐渐扩大,稍凹呈不规则淡黄色病斑。进而果皮水渍状,浸润型,散布针刺状圆形褐点;果肉土黄色、松软,外果皮暗红色、无光泽。因病菌快速增殖,病果呼吸强度高,叶绿素分解,提前出现红色,失水快,病部组织发软萎缩,果柄暗黄色,提前形成离层而早落。病果小、皱缩、干瘪,组织呈海绵状坏死,味苦,不堪食用。

2. 病菌及发生规律

病菌较复杂。①细菌,草生群,肠杆菌科噬枣欧文氏杆菌 *Erwinia juujbovora* Wang et Guo;②半知菌亚门腔孢纲球壳孢目聚生小球壳菌 *Dothiorella gregaria* Sacc. ;③半知菌亚门丝孢纲丝孢目细链隔孢菌 *Alternaria tenuis* Nees 和瘤座孢目砖格梨孢霉 *Coniothyrium* sp. 等。根据调研认为,该病病菌在不同地域和发病不同时期往往不同,在这一地区以真菌为主,在另一地区可能以细菌为主;未成熟果期以真菌为主,果近成熟期以细菌为主。

病菌在落地病果内越冬,细菌经风自伤口及果面自然孔口侵入。7月上旬开始发病,8月中旬至9月上旬为发病高峰期。风雨及害虫造成的果面伤口多,偏施氮肥、枝叶密集、通风不良的间作果园诱发趋绿害虫多,发病往往严重。在枣果红圈至着色期为该病发生盛期,这段时间如遇阴雨连绵或夜雨昼晴和多雾天气,该病常爆发成灾。活动积温高,降雨量大,发病高峰提前,反之则推迟。

3.防治措施

(1)选育和栽植抗病品种。

(2)加强枣园管理。彻底清除枣园病虫果和烂果,集中烧毁或深埋。增施有机肥和磷、钾肥,合理施用氮肥和硼、钙等肥料,增强果树抗病力。科学整形修剪,使树冠通风透光。及时防治桃小食心虫、龟蜡蚧、叶蝉等害虫。枣园忌间作高秆作物。

(3)摸清当地病菌,对症下药。一般 7 月底 8 月初喷第一次药,隔 7～10 天再喷 1～2 次。真菌性缩果病可选用 75% 百菌清可湿性粉剂 600 倍液。细菌性缩果病可选用链霉素 70～140 单位/ml、土霉素 140～210 单位/ml,卡那霉素 140 单位/ml。在喷杀菌剂时可加入适量杀虫剂,如 20% 灭扫利 5 000 倍液、40% 氧化乐果 1 000～1 500 倍液。

枣炭疽病

1.症状

枣炭疽病主要为害果实,也侵害枣吊、叶片等绿色器官。果实染病后,果面最初出现淡黄色水渍状斑点,渐扩大为形状不规则的黄褐色斑块,中间凹陷,后期病斑进一步扩大连接成片,造成果实早落。在潮湿条件下,病斑上能长出许多黄褐色小突起即病菌的分生孢子盘及粉红色黏性物质即病菌的分生孢子团。病果着色早、核变黑、味苦,严重者晒干后仅剩果核和丝状物连接果皮。叶片受害后变黄绿早落,有的呈枯焦状悬挂在枝头。

2.病菌及发生规律

病菌属于真菌中半知菌亚门的胶胞炭疽菌 *Colletotrichum gloeosporioides* Penz.。病菌的菌丝在果肉内生长,有分枝和隔膜,无色或淡褐色,直径 3～4 μm。分生孢子盘由疏丝状菌丝组成,位于表皮下,上有稀疏黑色刚毛。分生孢子梗和分生孢子均无色,分生孢子中央有一个或两端各有一个油球。

以菌丝体在残留枣吊、僵果和枣头、枣股上越冬,翌年分生孢子借风雨、昆虫传播。初侵染从花后幼果开始,白熟期至成熟期高温高湿,易引起大发生。发病早晚及程度与当地降雨早晚和阴雨天持续时间密切相关,降雨早连阴天时,发病早而重;干旱年份轻或不发生,另外,树势弱时发病率高。

3.防治措施

(1)冬季结合修剪清除病枯枝、老枣吊、僵果等,减少侵染来源。

(2)防治各种害虫,降低传病昆虫的密度。

(3)合理施肥和间作,增强树势,提高抗病能力。

(4)改进红枣加工方法,即采用炕烘干燥或沸水浸烫处理,杀死枣果表层病菌后再晾晒制干。

(5)在枣果进入白熟期(也就是8月份),喷75%百菌清800倍液2~3次(间隔10天)可收到较好防治效果。也可结合防治枣锈病,喷1:2:200倍波尔多液。

枣裂果病

1.症状

生理性病害,果实接近成熟时,如连日阴雨,果面即开裂,果肉稍外露,随之裂果腐烂变酸,失去食用价值。

裂果原因主要是红枣成熟期含糖量增高,果皮弹性降低,由韧变脆,阴雨天过多地吸收水分后使果肉膨压加大,致使表皮破裂。同时裂果与品种有关,果肉弹性大、角质层和果皮薄的品种易裂果。另外,缺钙也可加重裂果程度。8月中旬到9月上旬处于白熟期的枣果,遇干旱天气,果实失去大量水分,如得不到及时补偿,就会引起果皮日烧。这种未能愈合的微小伤口,在果实脆熟期遇到降雨或夜间凝露的天气,长时间停留在果面的雨露就会通过日烧伤口渗入果肉,使果肉体积因吸水膨胀,果皮便以日烧伤口为中心发生胀裂。9月初以前成熟的早熟、中早熟品种和10月初以后成熟的晚熟品种,以及中熟品种后期花形成的果实极少裂果。裂果发生的年份,一般都是雨季结束早、8月中旬到9月上旬有旱情(即使是轻度旱情)的年份。

2.防治措施

(1)合理修剪,改善通风透光条件,利于雨后果面迅速干燥。

(2)选栽抗裂品种。

(3)从7月下旬开始每隔10~20天喷1次300×10^{-6}的氯化钙水溶液,可明显减轻裂果。

(4)将易裂果的品种在白熟期采收加工成蜜枣。

(5)将裂枣及时烘干,如近年推广的炕枣技术。

梨轮纹病

轮纹病是梨和苹果产区一种严重的病害,尤其是高温、高湿和沿海果产区更为严重,个别果园发病株率高达80%以上,并且采收后贮藏的果实继续发病。还可为害木瓜、山楂、桃、李、杏、栗、枣等果树。

1.症状

为害部位:主要为害枝干和果实,叶片受害比较少见。

(1)枝干受害。初期以皮孔为中心产生褐色凸起斑点,逐渐扩大形成直径0.5~3 cm(多为1 cm)、近圆形或不规则形、红褐色至暗褐色的病斑。病斑中心呈瘤状隆起,质地坚硬,多数边缘开裂,成一环状沟。翌年病部周围隆起,病健部裂纹加深,病组织翘起如"马鞍"状,病斑表面很多产生黑色小粒点(病菌的分生孢子器和子囊壳)。病组织常可剥离脱落。枝干受害严重时,病斑往往连片,表皮十分粗糙。

(2)果实发病。果实受害,症状主要在近成熟期或贮藏期出现。初期生成水渍状褐色小斑点,近圆形。病斑扩展迅速,逐渐呈淡褐色至红褐色,并有明显同心轮纹,很快全果腐烂。病斑不凹陷,病组织呈软腐状,常发出酸臭气味,并有茶褐色汁液流出。病部表面散生轮状排列的黑色小粒点。

2.病菌及发生规律

(1)病因。属真菌病害。致病病菌为梨生囊壳孢 *Physalospora*

piricola Nose,属子囊菌亚门;无性阶段为轮纹大茎点菌 *Macrophoma kuwatsukai* Hara,属半知菌亚门。

(2)越冬场所。病菌主要以菌丝体、分生孢子器和子囊壳在病树受害部位越冬,成为翌年的侵染菌源。病菌经皮孔或伤口侵入,2～8 年生枝条均可被害。花前仅侵染枝干,花后枝干、果实均可受害,谢花后直至采收,只要遇雨皆可侵染果实,以幼果期、雨季侵染率最高。轮纹病菌具有潜伏侵染特点,侵入后可长期潜伏在果实皮孔内的死细胞层中,待条件适宜时扩展致病。果实受侵染的时期为落花后 1 周至果实成熟期。但幼果受害后,需经较长时间(幼果期侵染的一般 80～150 天,后期侵染的 18 天左右)的潜育期后方能出现症状。

轮纹病菌是一种弱寄生菌,易于侵染衰弱植株、老弱枝干及老病园内补植的弱小幼树。所以,果园管理粗放、大小年严重、肥水不足或偏施氮肥、修剪不当等使树体衰弱时,病害极易发生。另外,该病的发生与气候、树势及果实品种有密切关系。温暖多雨或晴雨相间的气候发病重。病菌发育的最适温度为 25～27 ℃,分生孢子萌发适温为 25 ℃左右,分生孢子的生成、释放、传播及入侵则需要有足够的水分和湿度。

3.防治措施

轮纹病的防治应采取加强管理,增强树势,提高抗病力和药剂防治相结合的综合措施。

(1)栽培措施。加强果园管理,合理修剪,调节树体负载量,控制大小年发生;以腐植酸钙、有机肥、绿肥为主,辅以化学肥料进行秋季施肥。增强树势,提高树体抗病力。搞好果园卫生,减少菌源数量,及时剪除病枝、摘掉病果,修剪下来的病残枝干等集中深埋。

(2)枝干喷药保护。果实采收后至萌芽前喷布较高浓度的杀菌剂,防治效果很好。如抗菌新星可湿性粉剂 50～100 倍液、枝干轮腐净500～600 倍液。

(3)病部治疗。枝发病初期,及时刮除病部,坚持刮早、刮小、刮了的原则,刮毕彻底清除病皮。而后涂以杀菌剂消毒,选用药剂同上。

(4)生长季药剂保护及治疗在落花后开始进行。药剂主要有 50%苯菌灵或保绿素可湿性粉剂 800～1 000 倍液、1∶2∶(160～200)波尔多液、50％退菌特可湿性粉剂 600～800 倍液(3～4 次)、50％多菌灵可湿性粉剂 600 倍液,以保护果实枝干和叶片。

(5)做好检疫工作,防止病菌随着苗木传播。

(6)果实采收后严格剔除病果,减轻贮运期的为害。

第二节　虫　害

桃小食心虫

学名　*Carposina niponensis*

别名　桃蛀螟、桃斑螟、豹纹斑螟,俗称桃小食心虫等

1.分布、寄主与为害

桐柏山区桃园普遍发生。为害苹果、梨、桃、李、杏、山楂、樱桃、枣、酸枣等果树和玉米、高粱等作物,是一种多食性害虫。被害状:以幼虫为害,幼虫孵化后蛀果,在入果处将皮咬破,果汁流出泪珠,时间长变为小黑点,幼虫在果实中纵横为害,到一定时候进入果心,排粪于其中,形成“豆沙馅”。寄主板栗时以幼虫为害板栗总苞和坚果。栗蓬受害率一般为 10％～30％,严重时可达 50％,是为害板栗的一种主要害虫。被害栗蓬苞刺干枯,易脱落。被害果被食空,充满虫粪,并有丝状物相粘连。有“桃小豆沙馅,梨小一条线,苹小一小片”之说。

2.形态特征

成虫　体长约 10 mm,翅展 20～26 mm。全体黄褐色,虫体瘦弱。复眼球形,黑色。下唇须发达,向上翘。触角丝状。胸部背面、翅面、腹部背面都具有黑色斑点,前翅有 25～26 个,后翅约 10 个。腹部第 1 节和第 3～6 节背面各有 3 个黑点。

卵　椭圆形,长约 0.7 mm。初产时乳白色,孵化前变为红褐色。

幼虫　老熟幼虫体长约 22 mm。头部红褐色,前胸背板褐色。胴部颜色变化较大,有暗红色、淡灰色、灰褐色等,背面颜色较深。胴部第

2～11 节各有灰褐色毛片 8 个,略排成 2 横排,前 6 后 2。

蛹　长约 13 mm,长椭圆形,褐色,背面色较深。腹部第 5～7 节的前缘各有 1 排小刺。臀棘细长,末端有 6 根刺钩。

3. 生物学特性

该虫每年发生 2 代。以老龄幼虫在土中结茧越冬。越冬幼虫破茧出土始期在 5 月中、下旬,盛期为 6 月份。5～6 月土壤含水量和降水量是影响当年桃小食心虫发生量的重要因素。当旬平均土温达到 18～20 ℃,幼虫开始出土,若此时遇雨,土壤含水量达 10% 以上时,雨后 2～3 天,出土顺利,若遇干旱,土壤含水量在 5% 以下,就可抑制幼虫出土,盛期推迟。若继续干旱,土壤含水量在 3% 以下时,幼虫几乎不能出土。成虫发生始期在 6 月初,终期至 9 月中旬末。由于幼虫出土历期 55～60 天,使各代发生很不整齐,世代重叠现象比较严重,但仍有几个比较明显的高峰期,即 6 月下旬至 7 月上旬,8 月上、中旬至 9 月中旬。成虫羽化后 1～3 天即可产卵。卵大多产于果实萼洼处,少数产在梗洼里。卵期 8 天左右,幼虫孵化后,在果面上爬行数十分钟至几小时,便咬破果皮入果为害。在果内蛀食 20 多天,即老熟脱果。8 月中旬以前脱果的幼虫多在土表做夏茧化蛹,继续发生下一代。8 月中、下旬脱果的幼虫大部入土结冬茧越冬,8 月末脱果的幼虫则全部入土滞育越冬。

4. 其发生与环境条件的关系

(1)气候因子。越冬幼虫出土和成虫羽化显著受降雨情况的影响,5～7 月的降雨量是影响幼虫出土和成虫羽化的一个重要因素,当年若 6～7 月少雨,幼虫出土迟缓,成虫发生期延续,羽化不整齐。如果 6～7 月雨水充沛,土壤经常保持湿润状态,对幼虫出土和成虫羽化极为有利,因此成虫发生期相对集中。

(2)天敌。甲腹茧蜂(寄生于幼虫)和齿姬蜂。

5. 防治措施

由于该虫发生不整齐,世代重叠现象比较严重,产卵习性隐蔽,因此在防治上要采取树上树下相结合,以树下防治为主、树上防治为辅的方法。园内园外相结合,人工防治和化学防治相结合。

(1)在面积比较小的果园,可在成虫产卵前挂袋,预防蛀果。

(2)6月下旬至8月下旬,摘除虫果,集中埋入土内。

(3)在越冬幼虫化蛹时期,耕除树根四周表土,将蛹深埋或实行筛茧法集中消灭。

(4)采取糖醋液(糖0.25 kg、醋0.5 kg、水5 kg)、黑光灯诱杀成虫。

(5)卵孵化盛期喷洒20%灭扫利2 000~3 000倍液或20%甲氰菊酯2 000倍液。

(6)对堆果场、收购站,要减少虫源,并注意其他寄主联防。

(7)保护利用好天敌。

梨小食心虫

学名　*Grapholitha molesta* Busck

别名　梨小蛀果蛾、东方果蠹蛾、梨姬食心虫、桃折梢虫、小食心虫、桃折心虫,简称"梨小"

1.分布、寄主与为害

桐柏梨园都有为害。以蔷薇科为主,为害苹果、梨、桃、李、杏、山楂、樱桃、木瓜等。以梨桃混栽的果园梨小食心虫为害重,发生严重的年份,蛀果率可达50%。幼虫为害果实,直达果心,不但食肉,还为害种子,也能为害桃梢。早期受害蛀果孔粗,有虫粪排出,孔周围变黑,形成膏药状,俗名黑膏药。晚期蛀果孔小,有点像桃小,孔周围变成青绿色。

为害桃树者先危害桃梢,从顶端2~3片叶柄基部钻入,向下为害(沿髓部),有转梢现象,由新梢萎蔫判断虫是否在,常有流胶现象,后期为害桃果。

4~7月,梨小幼虫在嫩梢髓部内蛀食,被害新梢萎蔫下垂、枯死、折断。蛀孔外有虫粪,易于识别。7月份则蛀入果实,多从果肩或萼洼附近蛀入,直到果心。早期蛀孔较大,孔外有粪便,引起虫孔周围腐烂变褐,并变大凹陷,形成"黑膏药"。后期蛀孔小,且周围呈绿色。

2. 形态特征

成虫　成虫体长 6~7 mm,翅展 11~14 mm,全体暗褐或灰褐色。触角丝状,下唇须灰褐上翘。前翅灰黑,其前缘有 7 组白色钩状纹;翅面上有许多白色鳞片,中央近外缘 1/3 处有一白色斑点,后缘有一些条纹,近外缘处有 10 个黑色小斑,是其显著特征,可与苹小食心虫区别。后翅暗褐色,基部色谈,两翅合拢,外缘合成钝角。足灰褐,各足跗节末灰白色。腹部灰褐色。

卵　淡黄白色,近乎白色,半透明,扁椭圆形,中央隆起,周缘扁平。

幼虫　末龄幼虫体长 10~13 mm,头部黄褐色。腹部末端具有臀栉,臀栉 4~7 刺。

蛹　体长 6~7 mm,纺锤形,黄褐色。

茧　白色、丝质,扁平椭圆形,长 10 mm 左右。

3. 生物学特性

该虫每年发生 3~5 代。以老熟幼虫在树干基部土缝中、树干翘皮缝隙等处结茧越冬。翌年 3 月开始化蛹,越冬代成虫于 3 月底至 4 月初开始羽化,4 月中旬达到羽化盛期并开始产卵。1 代幼虫孵化和蛀入桃梢、苹果梢的时间为 4 月下旬至 5 月下旬,盛期在 5 月中旬。第 2 代至第 5 代幼虫孵化和蛀入时间分别为:第 2 代 5 月下旬至 6 月下旬,盛期在 6 月上、中旬;第 3 代 6 月下旬至 7 月中、下旬,盛期在 7 月上旬;第 4 代 7 月下旬至 8 月中、下旬,盛期在 8 月上旬;第 5 代自 8 月下旬至 10 月初,盛期在 9 月上、中旬。幼虫于 9 月上旬至 10 月上旬越冬。成虫多产卵于果实肩部,特别在两果相接处产卵多,少数产于叶背和果梗上。由于发生期不整齐,各代之间有重叠现象,4 个虫态共存。1~3 代主要为害桃树或苹果新梢,一般第 3 代成虫从 7 月中旬起转移到苹果园为害。梨小食心虫有转主为害习性,因此在桃、苹果、梨果树混栽果园为害严重。多雨潮湿年份发生重。

梨小食心虫具有趋光性和趋化性,特别是对糖醋液趋性极强。各代虫态历期随气候、营养条件而有差异,一般蛹期 7~13 天(越冬代长达 20 天),成虫寿命 5~15 天(越冬代长达 30 多天),卵期 3~6 天,幼虫期 10~15 天。一般完成一代需 30~40 天。

4.其发生与环境的关系

(1)气候。梨小产卵最适温度 24～29 ℃。湿度 70%～100%,一般每雌可产卵 50～100 粒,散产,产于果实或桃梢上,温度高,湿度大,则发生严重。

(2)天敌。赤眼蜂寄生卵,后期寄生率可达 50% 以上,越冬幼虫可受到白僵菌寄生,寄生率达 30%。小茧蜂寄生幼虫。

5.防治措施

(1)建园时尽量避免桃、李、杏、梨、苹果混栽,可减少为害,前期加强桃梢上的防治。后期加强果实上的防治。

(2)越冬幼虫的防治,冬季或早春刮皮处理,秋季采收后清洁果园,对堆果场要妥善处理,8 月中旬绑草把、麻带片诱集处理。

(3)及时剪除虫梢,拾摘虫果。

(4)化学防治。还可用杀螟松、马拉松、溴氰菊酯喷杀虫卵。

(5)利用黑光灯、糖醋诱(比例参考桃小食心虫)、性诱剂诱杀成虫。

梨大食心虫

学名　*Myelois perivorelle*

别名　梨斑螟蛾,俗称"吊死鬼"、"黑钻眼"

1.分布、寄主与为害

桐柏梨园普遍发生。幼虫为害梨芽和果实,小幼虫钻蛀梨芽,从梨芽的基部蛀入,啃食生长点或花器。芽受害后枯死,鳞片开裂,蛀孔处堆有虫粪,小幼虫在受害芽中越冬。来年春季,小幼虫由越冬芽中迁出,此时正是花芽萌动至花序分离期,幼虫蛀入芽中为害。蛀入后,吐丝将鳞片粘住。幼虫蛀果时,蛀孔较大,而且直达果心,食害种子,蛀孔处堆有虫粪。老熟幼虫就在被害果中化蛹。化蛹前,先咬好羽化道,并将孔壁吐上一层薄丝,同时吐丝将果柄缠在果台上,被害果不易脱落,果农对这种果为害有"吊死鬼"之称,后期被害果入果孔多在萼洼附近,周围变黑腐烂。

2.形态特征

成虫　体长 10~12 mm,翅展 24~26 mm,全体灰褐色,前翅紫褐色。在翅的亚外缘部和亚基部各有 1 条深灰色波状横纹。横纹两侧嵌有紫褐色宽边,中室外方有一褐色肾形纹。

卵　扁椭圆形,具桑椹状纹,初产乳白色,孵化时为紫红色。

幼虫　老熟幼虫体长 17~20 mm,身体背面绿色或紫红色,腹面淡紫色。腹末倒数第 2 节背面中央有一黑褐色横带,其为左右两侧的背瘤相连而成。身体最末一节气门大而后伸。趾钩为双序缺环。

蛹　体长约 12 mm,短而粗,由腹末第 2 节背面向上隆起,呈驼峰状,末端明显变细。

3.生物学特性

该虫每年发生 2~3 代,以初龄幼虫在被害芽中做茧越冬,被害芽芽鳞开绽。有转果习性,一虫可为害 1~3 果,在最后的果中化蛹,化蛹前吐丝。缀上幼果,成虫昼伏夜出,化蛹在 5 月下旬到 6 月中旬,蛹期 8~10 天。越冬代成虫出现在 6~7 月,天亮时交尾产卵。趋光性不强,产卵多于萼洼处,卵期 5~7 天,当年第 1 代幼虫在 6~7 月,老熟后在果中化蛹,采收前羽化,产卵于芽侧,孵化进入芽中。在梨树上只有 30%左右的花芽中有虫,有虫的芽蛀孔被堵塞,外面留有细虫粪,而无虫的芽外无虫粪。梨大在树上的分布与防治有关,一般是顶端多,下部少;内膛多,外围少。当来年春季,日平均温度达到 7 ℃以上时,越冬小幼虫开始出蛰。从物候期来看,此时正值梨芽萌动,杨树吐雄,出蛰幼虫为害正在生长的花芽,并在芽上吐丝,使鳞片不能脱落。当为害 2~3 个芽后,幼果发育已到拇指大小时,开始由芽转到果上为害。在蛀果时,有转果为害的习性,一般为害 1~3 个果实。在麦收前一旬,幼虫在最后一个果实中吐丝缠把。从吐丝到羽化成虫一般为 16~18 天。在麦收期间或麦收后,发生成虫(6 月中下旬)。成虫于上午羽化,白天静伏,傍晚时分活动。成虫有强烈的趋光性和趋化性。交尾产卵多在近黎明时进行。卵单产,单雌产卵量为 40~50 粒,最多可达 200 粒。成虫产卵量与湿度有关,湿度越大,产卵量越多。卵多产在果实萼洼处与小枝轮痕处。卵期 7~10 天。小幼虫初孵期发生在 7 月上旬,幼虫孵化后,先蛀芽,使被害芽受害后流胶。在芽中,小幼虫蛀食7天左右后转果为害。入果孔多在背阴面。蛀果前先咬果皮,吐丝做一小白薄茧,从茧下蛀入。第1代1虫为害1果,被害果在树上皱缩或腐烂。第1代成虫于8月上中旬发生。第2代卵几乎全落在枝条上,极少在果实上。第2代卵期为7天,小幼虫直接蛀芽,一般为害3个芽,于10月份在最后一个被害芽中做茧越冬。

4.防治措施

人工和药剂相结合,注意在叶子未出前喷药,出蛰初期喷。

(1)结合修剪,剪除虫芽,摘虫花、虫果。

(2)根据成虫具趋光性的特点,可挂黑光灯诱杀成虫。

(3)药剂防治(参照桃小食心虫)。

苹小食心虫

学名　*Grapholitha inopinata*

别名　东北小食心虫,简称"苹小"、"东小"

1.分布、寄主与为害

桐柏苹果园普遍发生。寄主主要有苹果、梨、沙果等。幼虫多从果实胴部蛀入,在皮下浅层为害,小果类可深入果心。初蛀孔周围红色,俗称"红眼圈"。后被害部渐扩大干枯凹陷呈褐至黑褐色,俗称"干疤",疤上具小虫孔数个,并附有少量虫粪。幼果被害常致畸形。幼虫蛀果后未成活,蛀孔周围果皮变青,称为"青疔",被害果虫疤较大,疤上还留有虫粪,严重影响果品的商品价值。

2.形态特征

成虫　体长4~5 mm,全体暗褐色并带紫色光泽。前翅前缘有7~9组白色斜线,顶角有一个稍大的黑点,近外缘有黑点4~7个。后翅灰褐色。

卵　淡黄白色,扁椭圆形,长0.7 mm,中央隆起。

幼虫　老熟时体长7~9 mm,头淡黄褐色,体节背面有两条桃红色横纹。前面一条较宽,后面一条较细。腹部末端有臀栉,行动活泼。

蛹　体长4~6 mm,黄褐色,第2~7节各有两排短刺。茧椭圆形,灰褐色。

3. 生物学特性

该虫每年发生2代,老龄幼虫在树的主干、枝杈、根颈部树皮缝隙里和锯口周围干裂皮下越冬。成虫出现始期在5月下旬,末期延续到7月下旬,盛期集中在6月中旬。成虫羽化后1~2天产卵。卵大多产于果实表面。第一代卵6月上旬开始出现,6月中、下旬为卵盛期,7月上旬结束。卵经8天孵出幼虫,向果内蛀入,幼虫在果皮下取食为害,逐渐扩大形成近1 cm大小的黑褐色虫疤。幼虫在果内为害20~30天后脱果爬出,沿枝干分散到隐蔽处结茧化蛹。蛹经8~10天羽化出成虫。第一代成虫发生期为7月中旬至8月中旬。第二代卵发生期是7月下旬至8月下旬,盛期集中在8月上旬。卵经过4~5天孵出幼虫,蛀果为害,20多天老熟,于8月下旬至9月下旬陆续脱果,转移到越冬场所滞育越冬。

4. 防治措施

(1)消灭越冬幼虫,早春刮树皮 。

(2)摘除虫果。

(3)药剂杀卵。

(4)糖醋液(糖0.25 kg、醋0.5 kg、水5 kg)诱杀成虫。

栗实象

学名　*Curculio davidi* Fairmaire

别名　板栗实象鼻虫、栗实象鼻虫

1. 分布、寄主与为害

桐柏栗园普遍发生,以老龄栗园受害较重。寄主主要是栗属和栎类植物。以幼虫为害栗实,幼虫在栗实内取食,形成较大的坑道,内部充满虫粪。被害栗实易霉烂变质,完全失去发芽能力和食用价值。老熟幼虫脱果后在果皮上留下圆形脱果孔。发生严重时,栗实被害率可达80%,是为害板栗的一种历史性大害虫。

2.形态特征

成虫　体长5～9 mm,宽2.6～3.7 mm。体呈梭形,深褐色至黑色,被覆黑褐色或灰白色鳞毛。喙细长,端部1/3略弯。雌虫喙略长于身体,触角着生于喙基部1/3处。雄虫喙略短于身体,触角着生于喙中间之前。前胸背板宽略大于长,密布刻点。鞘翅肩较圆,向后缩窄,端部圆。足细长,腿节端部膨大,内侧有一刺突。主要特征是:前胸背板有4个白斑,鞘翅具有形似"亚"字的白色斑纹。

卵　长约1 mm,椭圆形,初期白色透明,后期变为乳白色。

幼虫　体长8～12 mm,头部黄褐色或红褐色。口器黑褐色。身体乳白色或黄白色,多横皱褶,略弯曲,疏生短毛。

蛹　体长7.0～11.5 mm,初期为乳白色,以后逐渐变为黑色,羽化前呈灰黑色。喙管伸向腹部下方。

3.生物学特性

该虫一般在老栗园和栗栎混栽园发生严重,两年完成1代,以老熟幼虫在树冠下、堆果场4～12 cm深土内越冬,7月中旬当板栗新梢停止生长、雌花开始脱落时进入化蛹盛期;7月下旬雄花大量脱落时为成虫羽化盛期;成虫羽化在土室内潜居15～20天后出土;8月中下旬～9月上旬板栗球果迅速生长期,为成虫出土盛期,成虫出土后沿树干上爬,在树冠内取食花蜜及嫩枝皮补充营养之后交尾产卵,成虫白天活动,受惊扰迅速飞去或假死落地,夜间潜伏不动,生活1个月左右,雌虫用口器在栗苞上咬一小孔,深达子叶表层,然后再掉转头将产卵管插入,产卵1～2粒,每头雌成虫可产卵10～15粒,卵期5～12天。幼虫在栗实内取食,形成较大的坑道,内部充满虫粪,幼虫期1个月左右,老熟幼虫在果皮上咬一圆孔,爬出果外入土越冬,幼虫的入土深度因土壤疏松程度而不同,土质疏松,入土较深,反之则浅,深度一般在5～10 cm内,最深的可达15 cm,次年继续滞育于土中,到第3年6月中下旬在土室内化蛹。在受害严重的栗园早期被害的栗果容易脱落,而后期的被害果通常不落。果实采收时未老熟的幼虫仍在种子内取食,直至老熟后脱果。由于该虫发生期长,出土时间不整齐,又受气温的影响,在桐柏浅山区8月下旬～9月初已有一部分老熟幼虫脱果入土,而深山区在此时成虫出土交尾产卵。

栗实象的发生和为害程度与板栗品种、立地条件等有密切关系。大型栗苞、苞刺密而长、质地坚硬、苞壳厚的品种表现出抗虫性,主要原因是成虫在这种类型的球苞上产卵比较困难。相反,小型栗苞、苞刺短而稀疏的品种被害率则高。山地栗园或与栎类植物混生的栗园受害重,平地栗园受害则轻。

4.防治措施

(1)及时拾取落地虫果,集中烧毁或深埋,消灭其中的幼虫。还可利用成虫的假死习性,在发生期震树,虫落地后捕杀。

(2)药剂熏蒸,把采收后的板栗去苞后堆集在水泥地或塑料薄膜上(密闭容器也可),在栗堆的四角垒一砖垛,高出栗堆 15 cm 左右,使栗堆和薄膜留有一定空隙,用 98% 溴甲烷、56% 磷化铝片剂,施药量分别为每 50 kg 3g。熏蒸时间:溴甲烷、磷化铝各 48 小时,药片不要直接放在栗实上,要放在容器内,否则接触药片的栗果颜色容易变黑,影响栗实的质量。可根据板栗的多少选用塑料袋熏蒸、容器熏蒸或堆蒸(采收后的带苞板栗也可采用此法)。

(3)要选择苞刺密而长、质地坚硬、苞壳厚的抗虫品种。

(4)实行集约化栽培,加强栽培管理。清除栗园中的栎类植物,对减轻栗实象的发生有一定的效果。

(5)8 月中下旬~9 月上旬树冠喷 40% 乐果 1 000 倍液,或 50% 敌敌畏乳油 800~1 000 倍液,间隔 10 天喷 1 次,共 2 次,对消灭成虫均有良好效果。

剪枝栗实象

学名　*Cyllorhynchites ursulus* Roelofs
别名　板栗剪枝象鼻虫、剪枝象甲

1.分布、寄主与为害

桐柏为零星分布。主要寄主是板栗、茅栗,还可为害栎类植物。成虫咬断果枝,造成大量栗苞脱落;幼虫在坚果内取食。为害严重时可减产 50%～90%。

2.形态特征

成虫 体长 6.5～8.2 mm,宽 3.2～3.8 mm,蓝黑色,有光泽,密被银灰色绒毛,并疏生黑色长毛。鞘翅上各有 10 列刻点。头管稍弯曲,与鞘翅等长。雄虫触角着生在头管端部 1/3 处,雌虫触角着生在头管的 1/2 处。雄虫前胸两侧各有一个尖刺,雌虫则无。腹部腹面银灰色。

卵 椭圆形,初产时乳白色,逐渐变为淡黄色。

幼虫 初孵化时乳白色,老熟时黄白色。体长 4.5～8.0 mm,呈镰刀状弯曲,多横皱褶。口器褐色。足退化。

蛹 裸蛹。长约 8.0 mm,初期呈乳白色,后期变为淡黄色。头管伸向腹部。腹部末端有 1 对褐色刺毛。

3.生物学特性

剪枝栗实象每年发生 1 代,以老熟幼虫在土中做土室越冬。第 2 年 5 月上旬开始化蛹,蛹期 1 个月左右。5 月底至 6 月上旬成虫开始羽化,成虫发生期可持续到 7 月下旬。成虫羽化后即破土而出,上树取食花序和嫩栗苞,约 1 周后即可交尾产卵。成虫在 9 时至 16 时比较活跃,早、晚很少活动,受惊扰即落地假死。交尾后的成虫即可产卵。成虫产卵前先在距栗苞 3～6 cm 处咬断果枝,但仍有皮层相连,使栗苞倒悬其上。然后再在栗苞上用口器刻槽,产卵其中,产毕用碎屑封口。最后将倒悬果枝相连的皮层咬断,果实坠落。少数果枝因皮层未断仍挂在树上。每头雌虫可剪断 40 多个果枝。栗树中下部的果枝受害较重。成虫产卵盛期在 6 月下旬。幼虫从 6 月中下旬开始孵化。初孵幼虫先在栗苞内为害,以后逐渐蛀入坚果内取食,最后将坚果蛀食一空,果内充满虫粪。幼虫期 30 余天。到 8 月上旬,即有老熟幼虫脱果。幼虫脱果后入土做土室越冬。雨水不利于幼虫成活。

4.防治措施

(1)人工防治。及时拾取落地虫果,集中烧毁或深埋,消灭其中的幼虫。还可利用成虫的假死习性,在发生期震树,虫落地后捕杀。

(2)药剂防治。于 6 月上旬进行,方法及药剂参照栗实象的防治。

桃蛀螟

学名　*Dichocrocis punctiferalis*（Guenee）

别名　桃斑螟,俗称桃蛀心虫、桃蛀野螟

1.分布、寄主与为害

桐柏栗园均有分布,尤以幼龄栗园被害较重。除为害桃、苹果、梨、李、梅、板栗、核桃、杏、柿、无花果、石榴、山楂等果树的果实外,还可为害向日葵、高粱、大豆、棉花、松树、臭椿等。以幼虫钻入果内蛀食,使果实不能发育,变色脱落;或果内充满虫粪,腐烂,不能食用,易脱落。

2.形态特征

成虫　体长 12 mm,翅展 22～25 mm,黄至橙黄色,体、翅表面具许多黑斑点,似豹纹:胸背有 7 个;腹背第 1 和 3～6 节各有 3 个横列,第 7 节有时只有 1 个,第 2、8 节无黑点,前翅 25～28 个,后翅 15～16个,雄虫第 9 节末端黑色,雌虫不明显。

卵　椭圆形,长 0.6 mm,宽 0.4 mm,表面粗糙布细微圆点,初乳白渐变橘黄、红褐色。

幼虫　体长 22 mm,体色多变,有淡褐、浅灰、浅灰蓝、暗红等色,腹面多为淡绿色。头暗褐,前胸盾片褐色,臀板灰褐,各体节毛片明显,灰褐至黑褐色,背面的毛片较大,第 1～8 腹节气门以上各具 6 个,成 2横列,前 4 后 2。气门椭圆形,围气门片黑褐色突起。腹足趾钩不规则的 3 序环。

蛹　长 13 mm,初淡黄绿后变褐色,臀棘细长,末端有曲刺 6 根。

茧　长椭圆形,灰白色。

3.生物学特性

该虫在桐柏山区每年发生 3～4 代,以老熟幼虫在栗实、仓库、堆果场、树干缝隙、落地栗蓬等处越冬,第 3、4 代幼虫为害栗实,对板栗早、中、晚品种均有为害,为害从 7 月份开始延续至 9 月份,据夜晚灯诱观察,在桐柏山区第 3、4 代成虫出现在 7 月下旬、8 月下旬～9 月初,成虫白天和阴雨天停息在树叶背面,傍晚开始活动,喜食花蜜,有趋光性,喜

糖、醋性,成虫产卵于栗蓬刺毛间,卵9月10日左右开始孵化,初孵幼虫主要为害蓬皮及蓬壁,而后慢慢自外向里蛀入果实为害,受害部位常有大量粪便排出,在板栗采收堆集期,幼虫才大量蛀入坚果为害,幼虫老熟后脱果寻找适当场所越冬。

4.防治措施

(1)不要在栗园周围种植桃树、玉米、向日葵、桃、李、杏等,减少桃蛀螟的转主寄主,有很好的效果。

(2)药剂熏蒸,方法与栗实象的防治相同。

(3)7月下旬~8月初,8月下旬~9月初卵期喷洒20%啶虫脒可湿粉剂2 500~3 000倍液。

(4)在成虫期,利用黑光灯或糖醋液诱杀成虫。

(5)提倡喷洒苏云金杆菌75~150倍液或青虫菌液100~200倍液。

核桃举肢蛾

学名　*Atrijuglans hetauhei* Yang

别名　核桃黑或黑核桃

1.分布、寄主与为害

桐柏为零星分布。此虫仅为害核桃。幼虫蛀入果实后,蛀孔初期透明,后变为琥珀色。幼虫在表皮内纵横蛀食危害,虫道内充满虫粪,一个果内幼虫可达几头,多者30余头。早期钻入硬壳内的部分幼虫可蛀种仁,有的蛀食果柄,破坏维管束组织,引起早期落果。有的被害果全部变黑干缩在枝条上。

2.形态特征

成虫　雌蛾体长5~8 mm,翅展13 mm;雄虫体长4~7 mm,翅展12 mm,全体黑褐色,有光泽。复眼红色,触角丝状,下唇须发达,从头部前方向上弯曲。头部褐色被银灰色大鳞片。腹部有黑白相间的鳞毛。前翅黑褐色,端部1/3处有一月牙形白斑,后缘基部1/3处有一椭圆白斑;后翅褐色,有金属光泽。足白色有褐斑,后足较长,静止时向侧后上方举起,故称举肢蛾。

卵　长圆形,长 0.3~0.4 mm,初产时为乳白色,后渐变为黄白色、黄色或淡红色,孵化前呈红褐色。

幼虫　初孵幼虫体长 1.5 mm,乳白色,头部黄褐色;老熟幼虫体长 7.5~9.0 mm,淡黄白色,各节均有白色刚毛,头部暗褐色。

蛹　纺锤形,长 4~7 mm,黄褐色。茧椭圆形,褐色,长 8~10 mm,常黏附草沫及细土粒。

3. 生物学特性

该虫每年发生 2 代,以老熟幼虫在树冠下 1~3 cm 深的土内、石块与土壤间或树干基部皮缝内结茧越冬。第 2 年 6 月上旬至 7 月化蛹,蛹期 7 天左右,6 月下旬为化蛹盛期。6 月下旬至 7 月上旬为羽化盛期。成虫昼伏夜出,白天多栖息在核桃树下部叶片背面及地面草丛中,每日 19 时左右飞翔、交尾和产卵。卵多散产在两果相接处,其次是萼洼,只有少数卵产在梗洼、梗洼附近或叶柄上。一处产卵 1~4 粒,每雌产卵 30~40 粒,卵期 4~5 天。幼虫孵化后在果面上爬行 1~3 小时后蛀入果实,在青皮纵横串食,不转果为害。一个果内可有幼虫 5~7 头,最多达 30 头,第一代幼虫在表皮内蛀食后可钻入核壳和种仁中为害,在果内为害 30~40 天后,7 月中旬开始咬穿果皮脱果入土结茧越冬。第 2 代幼虫蛀果时核壳已经硬化,主要在青果皮内为害,8 月上旬至 9 月上旬脱果结茧越冬。

一般深山区被害重。浅山区受害轻;阴坡比阳坡被害重;沟里比沟外重;荒坡地比耕地被害重;5、6 月份干旱的年份发生较轻,成虫羽化期多雨潮湿的年份发生严重。

4. 防治措施

(1)冬、春细致春耕翻树盘,消灭土中越冬成虫或虫蛹。

(2)8 月上旬摘除树上被害果并集中处理。

(3)成虫羽化出土前,可用 35% 蛾蚜灵可湿性粉剂 1 500~2 000 倍液树下喷洒,然后浅锄或盖一薄层土。

(4)成虫产卵期每隔 10~15 天向树上喷洒 1 次 25% 西维因可湿性粉剂 500 倍液,也可喷灭扫利乳剂 2 000 倍液、20% 速灭杀丁乳剂

2 000倍液、1 000倍灭幼脲Ⅲ号、桃小灵等。抓住盛期连喷2次。

(5)幼虫孵化盛期喷洒每毫升含2亿~4亿个白僵菌液,或用"青虫菌"、"7216"杀螟杆菌(每克1 000亿孢子)1 000倍液,防治幼虫为害。

柿蒂虫

学名 *Stathmopoda massinissa* Meyrick

别名 柿实蛾、柿举肢蛾、柿食心虫

1. 分布、寄主与为害

零星分布。为害柿、黑枣。幼虫蛀果为主,亦蛀嫩梢,蛀果多从果梗或果蒂基部蛀入,幼果干枯,大果提前变黄早落,俗称"红脸柿"、"疸柿"。

2. 形态特征

成虫 雌体长7 mm左右,翅展15~17 mm,雄体略小,头部黄褐色,有光泽,复眼红褐色,触角丝状。体紫褐色,胸前中央黄褐色,翅狭长,缘毛较长,后翅缘毛尤长,前翅近顶角有一条斜向外缘的黄色带状纹。足和腹部末端黄褐色。后足长,静止时向后上方伸举,胫节密生长毛丛。

卵 近椭圆形,乳白色,长约0.5 mm,表面有细微纵纹,上部有白色短毛。

幼虫 体长10 mm左右,头部黄褐,前胸盾和臀板暗褐色,胴部各节背面呈淡紫色,中后胸背有"×"形皱纹,中部有一横列毛瘤,各腹节背面有一横皱,毛瘤上各生一根白色细毛。胸足浅黄。

蛹 长约7 mm,褐色。

茧 椭圆形,长7.5 mm左右,污白色。

3. 生物学特性

该虫每年发生2代,以老熟幼虫在树皮缝或树干基部附近土中结茧越冬。越冬幼虫在4月中、下旬开始化蛹,5月上旬成虫开始羽化,5月中、下旬为盛期。成虫白天静伏于叶背,夜间活动。卵多产于果梗或

果蒂缝隙,每雌蛾产卵 10～40 粒,卵期 5～7 天。1 代幼虫 5 月下旬开始为害,6 月中、下旬为盛期,多由果柄蛀入幼果内,粪便排于孔外,1 头幼虫能为害 4～6 个果,幼虫于果蒂和果实基部吐丝缠绕,被害果不易脱落,由青变灰白最后变黑干枯。6～7 月老熟,一部分在果内,一部分在树皮裂缝内结茧化蛹。蛹期 10 余天,第 1 代成虫盛发期 7 月中旬前后。2 代幼虫 7 月中下旬开始为害,8～9 月为害最烈,在柿蒂下蛀害果肉,被害果提前变红、变软而脱落。9 月中旬开始陆续老熟越冬。天敌有姬蜂。

4.防治措施

(1)休眠期以人工物理防治与树上打药相结合,压低柿蒂虫越冬基数。冬春季刮树皮,摘除残留树上的干柿蒂,消灭越冬幼虫。

(2)越冬代成虫高峰期和第一代成虫高峰期以药剂防治为主,第一次药应掌握在柿树初花后 7～8 天时喷布,因该虫发生期长,应选择有效期长的药剂使用,如 2.5%灭扫利 2 500 倍液和 25%灭幼脲Ⅲ号悬浮剂 1 500～2 000 倍液。

附录一

国家级森林病虫害中心测报点
松毛虫监测、预测预报办法(试行)*

　　松毛虫是我国的重大森林病虫害之一,其平均每年发生面积有2 000万~4 000万亩,常造成严重灾害。

　　为了全面系统地实施松毛虫虫情和灾情监测,分析和掌握松毛虫发生规律,预测预报松毛虫灾害的宏观趋势并提供准确的基础信息,确实及时、有效地控制松毛虫的发生,特制定本办法。鉴于各地松毛虫发生期的预测方法已经成熟,因此本办法重点放在发生量和发生范围的监测、预测上。

1　虫情、灾情监测

　　松毛虫虫情、灾情监测主要依靠中心测报点所在地区进行的线路踏查、固定标准地调查、灯诱和性诱等手段,来掌握松毛虫的发生情况,提供抽样信息,并长期积累第一手资料,分析不同立地条件下的松毛虫发生规律;通过详细的线路踏查,在测报点覆盖范围内对松毛虫实施有效监测;利用灯诱和性诱等方法实施松毛虫的早期监测与发生趋势的分析。有条件的地区要积极应用航空和航天遥感技术,实现松毛虫害的遥感监测。

1.1　线路踏查

1.1.1　发生类型划分,根据松毛虫历年发生情况及森林生态系统条件,以村或小班为单位划分常发区、偶发区、安全区三种类型。

1.1.2　各省应根据当地的实际,按森林经营的小班,对相同类型并集

---

　　*　国家林业局司局文件　林造防(2000)60号。

中连片的林地划为一个防治小班(以下简称小班),统一编号。

1.1.3　在中心测报点监测覆盖范围内,选定具有一定代表性的踏查路线(可设计为较为固定的巡视路线),巡视路线要覆盖常灾区的90%,在发生区应根据需要及时设置临时路线。

1.1.4　在每代卵期和幼虫期对发生情况按巡视路线进行详细线路踏查,发现有虫情或灾情的小班,要立即设立临时标准地进行调查,每块标准地面积要大于3亩;在标准地内采用对角线或平行线抽样方法,随机选取5~10株标准树,进行虫口密度、针叶损失量的调查。填写虫情调查表(表1)。在每代防治后也要将防治情况添入表1,并汇总成,得到表4。

1.2　固定标准地调查

在松毛虫常灾区和偶发区中松毛虫易发生的区域范围,选取有代表性的林地,设立若干固定标准地,通过对标准地的定期调查,获得中心测报点关于松毛虫的虫情、针叶损失量等资料。

1.2.1　已划分防治小班的地区,选取20~40块小班作为固定标准地,没划分防治小班的测报点,选择20~40块林地,每块面积要大于3亩,作为固定标准地,标准地各项林分因子填入标准地概况记录表(表2)。固定标准地设定后,一般不得随意改变。

1.2.2　卵、幼虫调查。在固定标准地内不固定标准株地随机抽取10~20株树,分别在每代的卵期、幼虫期,调查卵、幼虫密度及卵孵化率、寄生率。对越冬代幼虫在越冬前后要各调查一次。填写标准株虫情观察表(表3),并进行汇总得表4。如果在固定标准地内未发现松毛虫,在标准株虫情观察表各项填零,无需另外建立临时标准地。

1.3　灯诱和性信息素引诱监测

在每代成虫期,中心测报点要采用灯诱或性信息素引诱法监测松毛虫成虫。

1.3.1　样点布设与诱捕器放置。在松毛虫常发区按每3万亩一个、偶发区每6万亩一个的比例设立诱捕点。黑光灯或诱捕器挂置在较高位置或通风处的树冠上。

1.3.2   放置时间、收取时间、记录时间。于各代的蛹末期开始挂置黑光灯或性诱捕器,各代成虫期结束后收回,每天或隔天记录观察诱捕的成虫量,将结果填入表5。

1.3.3   对各代成虫或下一代幼虫的监测数据进行相关分析,逐步调整布点数量、分布密度、设立位置,最终实现根据当代成虫数量对下代幼虫发生范围和发生程度的早期预测。

1.4   遥感监测

有条件的地区要积极探索应用遥感等先进的松毛虫灾害监测手段。

1.4.1   应用航空录像、航空数字相机等航空遥感手段,对松毛虫实施监测,为及时控制灾害提供准确数据。

1.4.2   应用航天遥感监测技术,采用中等分辨率(指十米级)航天遥感卫星影像,探索利用高分辨度卫星影像,实现灾害的早期监测与损失评估。

2   预测、预报

2.1   系统观测

各省(区、市)要根据当地的实际情况,制定适合本地特点的系统测报方法(可参照原林业部厅护字[1990]169号《油松毛虫、赤松毛虫、落叶松毛虫预测预报办法》)。选取1~3个开展系统观测点,监测影响松毛虫种群动态的重要因子及其变化,并对资料进行分析汇总,填写系统观察表(表6)、松毛虫发生期表(表7)、气象因子表(表8)。

系统观测的中心测报点应有代表性、工作基础较好和有往年系统测报数据积累。

2.2　发生期预测

2.2.1　期距预测法。首先根据松毛虫在林间发育进度调查,然后按历史资料各虫态或虫龄相应发生期的平均期距值,预测各虫态或虫龄发生期,如下一虫态发生期 = 当前虫态发生期 + 期距。

2.2.2　多元回归预测法。利用松毛虫发生期的变化规律与气候因子的相关性,建立回归预测式进行发生期预测。

公式为:

$$Y = a_0 + a_1 X_1 + a_2 X_2 + \cdots + a_n X_n$$

式中　Y——松毛虫预测指标(发生期或发生量等);

　　　X_i——测报因子(如气温、降雨、相对温度等);

　　　a_i——回归方程中回归系数。

如在贵州有公式 $Y = 48.13 - 0.823\,2X$ 可以预测马尾松毛虫成虫发生期;在辽宁朝阳地区 $Y = 10.852 - 1.347X$ 可以预测油松毛虫上树始见期。各地可根据当地的实际情况,找出当地合适的发生期多元回归预测式。

2.2.3　有效积温法。根据各虫态的发育起点温度、有效积温和当地近期的平均气温预测值,可预测下一虫态的发生期。

有效积温预测式为:

$$N = \frac{K \pm S_k}{T - (C \pm S_c)}$$

N = 发育天数,K = 有效积温,S_k = 有效积温标准差,C = 发育起点温度,T = 日平均温度,S_c = 发育起点温度标准差。

2.2.4　物候预测法。通过选定当地常见的农作物或其他植物的发育阶段作为指示物,观察其与松毛虫发育阶段的相关性,进行发生期预测。

2.3　发生范围、发生量预测

在森林病虫害预测预报软件支撑下,探索、总结、应用适合本地的松毛虫预测预报方法与相关参数,方法包括:

2.3.1 有效基数预测法。根据所调查的虫口基数、雌性比、每只雌蛾平均产卵量,以及当地历年各虫态的平均死亡率,推算下一世代的发生量。

$$P = P_0 \times e \times [f/(m + f)] \times (1 - M)$$

P＝下一世代发生量,P_0＝当代虫口基数,e＝雌蛾平均产卵量,f＝雌虫数,m＝雄虫数,M＝平均每个世代的总死亡率,$(1 - M)$为存活率,可等于$(1 - a)(1 - b)(1 - c)(1 - d)$,$a$、$b$、$c$、$d$分别为卵、幼虫、蛹和成虫的死亡率。

2.3.2 回归预测法。根据预报量与预报因子的相关性,建立回归预测式。

2.3.3 趋势分析法。根据多年的监测数据,可用判别分析法、马尔可夫链随机过程和时间序列分析法,对松毛虫发生量与发生面积进行分析、预测。

2.3.4 其他测报方法与数学模型。

3 数据的处理、上报

要及时处理、上报数据,在虫情调查后的5天内将调查资料输入计算机数据库,每代的所有调查资料输入后要立刻用计算机进行统计、分析、汇总等工作,预测当代或下代发生量与发生范围。在各代数据处理完成后一个星期内将标准地概况表2,标准地调查表3,发生情况、防治情况汇总表4通过Internet上报国家林业局及各上级森防站。

表1　松毛虫虫情调查与防治表

乡镇名称：　　　　乡镇代码：

村名称：　　　　　村代码：

标准地编号：　　　地点描述：

发生类型(安全,偶发,常发)：　　　　　　林班面积(亩)：

主要树种：　　　　林木组成：　　　　每亩株数：

树龄(年)：　　　　胸径(cm)：　　　　树高(m)：

枝条盘数(条)：　　冠幅(m)：

坡向(阴、阳、平)：郁闭度(0~1.0)：

植被种类：　　　　其他病虫：

调查株数：　　　　代表面积(亩)：　　　调查虫态：

有虫株数：　　　　有虫株率(%)：　　　总虫数：

虫口密度：　　　　虫情级(轻下、轻、中、重)：　　是否新扩散(是、否)：

针叶保存率(%)：　灾情等级(中、重)：

防治时间：　　　　防治方式：

药剂种类：　　　　用药单位：　　　　用药量：

防治效果(%)：　　是否为预防：

虫情调查人：　　　调查时间：　　　年　　　　月　　　　日

防治情况填报人：　填报时间：　　　年　　　　月　　　　日

填写说明：

该表统计临时标准地的虫情,每代调查一次,每标准地每代只填一张表,填报到标准地级。

乡镇代码:01~99,以县为单位统一编码,编后保持不变。

村代码:01~99,以乡为单位统一编码,编后保持不变。

临时标准地编号:从100到999的3位数字。

表2 松毛虫标准地概况记录表

乡镇名称： 乡镇代码：

村名称： 村代码：

标准地号： 地点描述：

林班面积(亩)： 主要树种： 林木组成：

树龄(年)： 胸径(cm)： 树高(m)：

枝条盘数(条)： 冠幅(m)

坡向(阴、阳、平)： 坡度(0~90)： 郁闭度(0~1.0)：

发生类型(安全、偶发、常发)： 其他病虫：

土壤质地： 土层厚度(cm)： 植被种类：

调查人： 调查时间：

填写说明：

固定标准地每三年填写一次。

乡镇代码:01~99,以县为单位统一编码,村代码:01~99,以乡为单位统一编码;固定标准地代码:001~999,标准地号由7位数字组成,头两位为乡镇代码,中间两位为村代码,后3位为标准地代码,即:标准地号＝乡镇代码＋村代码＋标准地代码。标准地号一经确定,不得随意更改。

表3　松毛虫标准株虫态观察记录表

乡镇名称：　　　　　　乡镇代码：

村名称：　　　　　　　村代码：

标准地号(01~99)：　　年份：　　　　　世代：

代表面积：　　　　　　虫情级(轻下、轻、中、重)：

株号	卵块数 (块)	卵粒数 (粒)	未孵化卵 粒数(粒)	被寄生卵粒 数(粒)	幼虫数 (条)	针叶保存率 (0~1.0)
1						
2						
3						
4						
5						
6						
7						
8						
9						
10						
11						
12						
13						
14						
15						
16						
17						
18						
19						
20						
总计						
平均						

调查人：　　　　　调查时间：　　年　　月　　日

表4 松毛虫虫情汇总表与预测表

年份：　　　　　世代：　　　　　是否为预测结果：

汇总级别(县，乡，村)：　　　　　汇总单位：

地点	实际调查		虫态	低虫口面积	发生面积								成灾面积			预防面积	防治面积			
	林分面积	标准地数			计	轻	中	重	重复面积				计	中	重		计	生物	化学	其他
	林分面积								计	轻	中	重								

汇总人：　　　　　汇总时间：　　年　　月　　日

表5　松毛虫成虫记录表

年份：　　　世代：　　　乡镇名：　　乡镇代码：
村名：　　　村代码：　　调查手段(灯、诱捕器)：
调查地点：　监测面积：　功率或数量(瓦或只)：

日　期	诱 虫 数				天气状况
	计	雌	雄	性比	
统　计					

调查人：

表6　松毛虫系统观察表

乡镇名称：　　　　　　　　乡镇代码：
村名称：　　　　　　　　　村代码：
标准地代码：　　　　　　　地点：

	世代	越冬代	第一代	第二代	第三代	第四代
卵	卵块数(块/株)					
	每块卵粒数					
	平均每株卵粒数					
	孵化率(%)					
	寄生率(%)					
幼虫	幼虫死亡率					
	越冬死亡率					
蛹	蛹密度(只/株)					
	平均每雌蛹重(g)					
	雌性比					
	羽化率(%)					
	寄生率(%)					
成虫	每灯诱蛾量(只)					
	每晚诱蛾数量(只)					
	雌性比					
	怀卵量(粒/雌)					

填表人：　　　　日期：　　　年　　　月　　　日

填写说明:该表如果是汇总结果,乡镇、村或标准地名与代码可以不填。

表7　松毛虫发生期汇总表

县名：　　　　　　县代码：　　　　　年份：

世代	虫态	始见期	始盛期	高峰期	盛末期	终止期	备注
越冬代	产卵						
	卵孵化						
	幼虫上树						
	化蛹						
	成虫羽化						
一代	产卵						
	卵孵化						
	化蛹						
	成虫羽化						
二代	产卵						
	卵孵化						
	化蛹						
	成虫羽化						
三代	产卵						
	卵孵化						
	化蛹						
	成虫羽化						

调查人：　　　　调查时间：　　　　年　　　　月　　　　日

表 8 气象信息记录表

县名:
县代码:

日 期	温 度	湿 度	降 雨

填表人: 日期: 年 月 日

填写说明:每旬一次,填报到县级。

附录二

杨树舟蛾监测、预报办法 *

　　杨树舟蛾主要指杨扇舟蛾 Clostera anachoreta（Fabricius）、分月扇舟蛾 C. anastomosis（Linnaeus）、杨小舟蛾 Micromelalopha troglodyta（Graeser）和杨二尾舟蛾 Cerura menciana（Moore）等为害杨树叶部的害虫，在全国均有分布。同一虫种在不同地区发生的世代数和发生期有所不同。大发生时可食光整株叶片，严重影响杨树的生长。

　　为做好该类害虫的监测、测报工作，特制定本办法。

1　虫情监测

　　虫情监测以地面踏查手段为主，设立标准地，进行虫情、叶片被害情况、防治情况调查。

1.1　标准地和标准株的选择

　　在踏查的基础上，选择不同立地条件、林型，设立临时标准地，常发区按片林每 1 000 亩、偶发区 10 000 亩设立不少于 3 块，每块临时标准地的抽样株数不少于 30 株（片林面积为 1 亩）进行调查；沟河路渠林，每 5～10 km 以株设一块 30 株，按隔几株选 1 株的方法选取 10 株标准株进行调查。

　　临时标准地设立并调查后填写表 1。

1.2　越冬后蛹(幼虫、卵)调查

1.2.1　杨扇舟蛾：每年 2～4 月，在标准株的粗树皮下，或树冠投影范

---

　　*　国家林业局司局函　造防函(2005)8 号。

围内的枯叶、墙缝、地被物上、表土内查找其越冬蛹。将结果记入表2。

1.2.2　杨小舟蛾:每年2~4月,在标准株树冠下以树干为圆心取一扇形样方(样方面积为树冠投影面积的1/8),样方深度不小于20 cm。在其中查找越冬蛹,将结果记入表2。

1.2.3　分月扇舟蛾:每年3~5月,在标准株树冠投影范围的枯枝落叶层内查找其越冬幼虫,或在树干上查找其越冬卵,将结果记入表2。

1.2.4　杨二尾舟蛾:每年2~4月,在标准株的树干基部和树皮裂缝内查找其越冬蛹,将结果记入表2。

1.3　叶片被害调查

在每代幼虫期进行虫情调查,目测标准株叶片被害情况。重点在幼虫(第二代)三龄前后已群居和分散后两个阶段,分标准株(以群居)和随机(分散后)每株取50 cm长标准枝,调查卵数及幼虫数,观察相关物候现象,并调查旬气温和降雨量。将结果记入表2。

1.4　防治情况调查

将防治情况记入表1。

1.5　资料汇总和上报

发生面积统计起点:

平均50 cm标准枝2条幼虫;株叶片被害率20%。

发生等级划分标准:

危害程度	虫口密度(头/50 cm标准枝)	叶片被害率(%)
轻度	2~5	20~30
中度	6~8	31~60
重度	9以上	61以上

当两种统计方法的结果交叉时,按"就高不就低"原则处理。

在每代幼虫期调查结束后,将表1、表2及发生等级汇总填入表4。写出杨树舟蛾虫情分析报告。报告内容包括:本测报点监测范围内林分基本情况描述、存在的舟蛾种类、对虫情调查结果进行的分析、预测以及提出的防治建议等。在汇总结束后 1 日内,将杨树舟蛾虫情分析报告和表 1、表 4 通过 Internet 网上报各级业务主管部门。

2　系统观测

在杨树舟蛾的常发区,设立固定标准地进行系统虫情调查,以获取进行预测的相关资料。

2.1　标准地及标准株的设置

在中度以上的发生区域内,选择有代表性的林分,设立面积为 3 亩的固定标准地 3 块,在标准地内,采用平行线、Z 字形或 5 点抽样方法,选取 10 株标准株。固定标准地和标准株要做明显的标记和编号。填写表 1。

2.2　孵化进度调查

在每一代卵期,在标准株上采集卵块,要求卵粒总数不少于 1 000 粒。调查统计孵化卵粒数、未孵化卵粒数及天敌寄生情况,记载相关物候现象,将调查结果记入表 2。

2.3　幼虫发育进度调查

在幼虫发生期内,每 5 天调查一次。分别从标准株随机采集一定数量(不少于 100 头)的幼虫,查清幼虫数量、活虫数、感病数、寄生数,同时观察叶片被害情况,记载相关物候现象。将结果填入表 2。

2.4　化蛹进度调查

在标准株上,于幼虫期分株采集幼虫,总数不少于 100 头,于养虫笼内饲养进行化蛹观察,同时观察相关物候现象,将观察结果记入表 3。

2.5　成虫期调查

在每代成虫期,于固定标准地内,采取灯诱和性诱的方法进行。黑光灯于每晚固定时间段开灯。诱捕器悬挂在较高位置或通风处的树冠上。每日或隔日统计捕获成虫数,填写表5。

2.6 室内饲养观察

在每一代卵期,采集新产虫卵不少于1 000粒,放置养虫盒内进行室内饲养观察,孵化开始后,每天将观察结果记入表3。

3 预测方法

3.1 发生期预测

3.1.1 历期法。根据杨树舟蛾在林间发育进度的系统调查,掌握不同虫态或虫龄的起始日期,计算多年相应历期的平均值(期距值)。按下列公式预测出各虫态或虫龄发生期。

$$F = H_i + (X_i \pm S_x)$$

式中 F——某虫态出现日期;

H_i——前期虫态发生期实际出现日期;

X_i——期距值;

S_x——相应的标准差。

3.1.2 有效积温预测法。当林间查到卵始见期、高峰期后,利用当地近期天气预报的平均温度,根据有效积温公式就能预测幼虫孵化始见期或高峰期。

$$N = \frac{K \pm S_J}{T - (C \pm S_C)}$$

式中 N——各虫态历期;

C——发育起点温度;

K——有效积温;

S_K——有效积温标准差;

T——日平均温度;

S_C——发育起点温度标准差。

3.1.4　物候预测法。根据当地某些动植物与杨舟蛾发生期的相关性，经长期观察，建立物候期表进行预测。

3.2　发生量预测

线性回归预测。第二代幼虫期平均虫口密度与第三、四代有虫期虫口密度成线性相关，可建立回归预测式：

$$y = a + bx$$

式中　y——第三、四代幼虫期平均虫口密度；

　　　x——第二代幼虫期平均虫口密度。

3.3　危害程度预测

通过对越冬蛹密度与第三代（及以后代）的叶片被害程度相关分析，建立当地适用的以蛹密度预测叶片被害率的经验对照表。例如：

	蛹（头/株）	叶片被害率（%）
轻	1~3	20~30
中	4~6	31~60
重	7 以上	61 以上

表 1　杨树舟蛾标准地记录表

乡镇名称	乡镇代码	村名称	村代码	标准地号
地点描述				
林班面积(亩)	主要树种和林木组成树龄(年)		平均胸径(厘米)	平均树高(米)
平均冠幅(米)	发生类型(未发生、偶发、常发)		舟蛾虫种其他病虫:	
土壤质地	土层厚度(厘米)		植被种类	
调查株数	代表面积(亩)	调查虫态	有虫株数	有虫株率(%)	总虫数
虫口密度	虫情级(轻下、轻、中、重)		灾情等级(中、重)	是否
叶片保存率(%)				
防治时间	防治方法	药剂种类	防治效果%	是否为预防

虫情调查人：　　　　　　调查时间：　　年　　月　　日

填写说明：

1. 临时标准地每年填写一次。编号用100～999，每年都从100开始顺序编号。对于撤消的标准地，其编号当年不再分配给其他临时标准地。

2. 固定标准地概况每三年填写一次。

3. 乡镇代码：01～99，以县为单位统一编码；村代码：01～99，以乡镇为单位统一编码；固定标准地代码：001～999。即：标准地号＝乡镇代码＋村代码＋标准地代码。

4. 固定标准地号一经确定，不得随意更改。

表 2　杨树舟蛾野外调查表

标准地号：

虫种：

标准地号	卵		幼虫			蛹					叶片被害率（%）	备注
	数量	孵化数	孵化率（%）	活虫	死虫	存活率	总蛹数	活蛹	感病	寄生	存活率（%）		
合计													

调查人：

调查时间：　　　　　年　　　月　　　日

注：野外调查为每 5 天调查 1 次。

表 3 杨树舟蛾室内观察表

虫种：

采集时间	观察时间	卵			幼虫				蛹					备注
		总数量	孵化数	孵化率(%)	总数	活虫	死虫	存活率	总蛹数	活蛹	感病	寄生	存活率(%)	
合计														

观察人：

注：室内观察为每天观察 1 次，要求注明卵、幼虫或蛹的采集时间。

表4 杨树舟蛾发生情况汇总表

年份: 　　汇总级别(县、乡镇、村): 　　虫种: 　　世代:

汇总单位:

地点	林分面积(亩)	实际调查		累计发生面积(亩)				其中同病虫新发生面积						同种重复	预防面积	防治面积(亩)					防治率(%)
		标准地数	调查面积	计	轻	中	重	新发生(扩散)				异种重复				计	化防	仿生制剂	人工防	生防	
								计	轻	中	重	计	计								
合计																					

汇总人: 　　　　汇总时间: 　　年　　月　　日

注:该表中的"发生面积"由表1中"代表面积"累计生成。"防治面积"由表4中的"代表面积"累计生成。

表5 树舟蛾成虫调查记录表

标准地号: 　　年份: 　　世代: 　　虫种:

调查手段(灯、性诱) 　　功率或数量(瓦或只):

日期 月/日	诱虫数(头)			
	计	雌(头)	雄(头)	性比(%)

调查人:

附：

参 考 资 料

一、杨小舟蛾

在河南1年发生4代。

幼虫:幼虫期10~20天,5龄。5月6~9日第1代幼虫开始出现,5月14~18日是第1代幼虫孵化的高峰期;第2代幼虫出现于6月中旬至6月下旬,6月18~23日是第2代幼虫孵化的高峰期;第3代幼虫孵化高峰期为7月10~16日;第4代于8月下旬发生,为害至10月越冬。

成虫:成虫期6~8天,迁飞距离2~8 m。

卵:历期4~5天,孵化率达80%以上。

蛹:除越冬代外,一般历期为5~7天。

二、杨扇舟蛾

1年4代。

3月中旬越冬代成虫开始产卵,第1代幼虫始发期为4月22~25日,6月上中旬第1代成虫开始羽化,第2代成虫出现于7月上中旬,第3代成虫于8月上、中旬开始产卵,孵化为第4代幼虫,为害至9月上旬开始化蛹过冬。

卵:单块卵粒数为20~500粒,第1代卵期16~18天,以后各代卵平均7天左右。第1代幼虫的孵化率平均为94.8%,第2代、第3代卵孵化率分别为51.2%、89.4%,第4代卵孵化率为87.9%。卵期平均孵化率为80.4%。

幼虫:5龄,幼虫期28~30天。其中第1龄5天,平均死亡率达65%;第2~3龄7~8天,平均死亡率达15%;第4~5龄4天,平均死亡率达2%左右。有个别可发育至第5代1~3龄幼虫,但不能越冬。

各代幼虫 1~3 龄死亡率高,第 2、3 代 2~4 龄幼虫寄生、感病率较高。

蛹:历期 6~7 天,越冬后蛹死亡率为 18.4%,第 2 代、第 3 代蛹寄生率、感病率会逐渐有所提高。

成虫:越冬蛹雌雄比为 1:0.92,最高成虫雌雄比为 1:0.7。各代成虫雌雄比平均为 1:0.81。

参 考 文 献

［1］萧刚柔.中国森林昆虫［M］.北京:中国林业出版社,1992.

［2］河南省林业厅.河南森林昆虫志［M］.郑州:河南科学技术出版社,1998.

［3］河南省森林病虫害防治检疫站.河南林业有害生物防治技术［M］.郑州:黄河水利出版社,2005.

［4］北京林学院.森林昆虫学［M］.北京:中国林业出版社,1985.

［5］冯明祥,等.板栗病虫害防治［M］.北京:金盾出版社,1998.

［6］陕西果树研究所.果树病虫及防治［M］.西安:陕西科学出版社,1980.

［7］黑龙江牡丹江林业学校.森林病虫害防治［M］.北京:农业出版社,1979.

［8］山东省林业学校.森林昆虫学［M］.北京:中国林业出版社,1989.

［9］辽宁省林业学校.森林病理学［M］.北京:中国林业出版社,1989.

［10］森林病虫害防治编写组.森林病虫害防治［M］.北京:中国林业出版社,1991.

［11］任国兰.枣树病虫害防治［M］.北京:金盾出版社,1999.

［12］郑裴能,等.农药使用技术手册［M］.北京:中国农业出版社,2000.

［13］王琦,等.北方果树病虫害防治手册［M］.北京:中国农业出版社,2000.

［14］杨丰年.新编枣树栽培与病虫害防治［M］.北京:中国农业出版社,1996.